メーター検針員テゲテゲ日記

1件40円、
本日250件、
10年勤めて
クビになりました

川島徹

まえがき――1件40円の仕事

電気メーターの検針は簡単である。

電気メーターを探し、その指示数をハンディに入力し、「お知らせ票」を印刷し、お客さまの郵便受けに投函する。1件40円。

件数次第で、お昼すぎに終わることもあれば、夕方までかかることもある。仕事は簡単なので、計器番号などの小さな数字*を読みとれる視力があり、体力があれば、だれにでもできる。

しかし、雨の日も、台風の日も、雪の日も、そして暑い日も、寒い日もある。放し飼いの犬もいれば、いらいらした若い男も、ヒステリックな奥さんもいる。

私は50歳からの10年間を電気メーター検針員としてすごした。その経験を書いたのがこの本である。

あと数年で電気メーターの検針の仕事はなくなってしまう。

計器番号などの小さな数字　タテ5ミリほどの数字。電気メーターが目の前にあれば読みとるのは簡単である。のちほど述べるが、電気メーターはあらゆるところに設置してあり、それが必ずしも見やすいところとは限らない。

スマートメーター*という新しい電気メーターの導入で、検針は無線化され、電気の使用量は30分置きに電力会社に送信されるからだ。

大半の電力会社がここ数年のうちにスマートメーターへの切りかえが完了し、「検針でーす」と家々を回っていた検針員は姿を消す。なんらかの都合でスマートメーターを設置できないところを担当する検針員がわずかに残るだけである。

今後、検針員が仕事中に犬に咬まれることも*、ハチに刺されることも、家の人に怒られることも、高いところから転落することもなくなる。

しかし、メーター検針員という仕事はなくなっても、本書で書いた現場で働く人の苦労はなくならないだろう。

仕事中、交通事故で死んだ検針員がいた。労災はなかった。「業務委託契約」だったからだ。私が就職時に結んだ業務委託契約書を思いだしてみても、「乙の判断で行なうものとする」「乙の責任で行なうものとする」というような文言がたくさんあったように記憶している。

低賃金で過酷で、法律すら守ってくれない仕事がどこにでも存在しつづけ、そこで働く人たちも存在しつづける。

スマートメーター 現在、全国の多くの家庭ですでにこれが設置されているのではないだろうか。電気の使用量を自動的に電波で飛ばすので、検針員は必要なくなる。

犬に咬まれること 実際に私も仕事中、犬に咬まれた。一度だけではない。5、6回は咬まれた。ハチに刺されたのは1回だけ。

ただ、そうした仕事をしている人たちも、自分の生活を築きながら、社会の役に立ち、そして生きていることを楽しみたいと思っているのである。過酷な仕事の中にも、ささやかな楽しみを見つけようとしているのである。それが働くということであり、生きるということではないだろうか。

本書には難しいことは書いていないし、書けもしない。本当に起こったこと*、検針員の本当の姿を、なるべくユーモアを交えて書いたつもりである。

あらゆる仕事現場に汗水たらして働いている人がいる、そのことをリアルに感じていただけたらと思う。

本当に起こったこと
本書に書かれているのは10年におよぶ私の検針員生活ですべて実際に体験したことである。ただし、登場人物と会社名は仮名とさせていただいた。

メーター検針員テゲテゲ日記◉もくじ

第3章 誤検針、ホントに私が悪いの？

第4章「俺には検針しかできない」

装幀◉原田恵都子（ハラダ＋ハラダ）
イラスト◉伊波二郎
本文組版◉閏月社

第1章

電気メーター検針員の多難な日常

某月某日　**激怒した若い男**：引っ越し中の検針作業

明和(めいわ)2丁目の家で引っ越しをやっていた。

荷物が搬入される玄関先に茶髪の若い男がいた。

「けん、しん、でーす」

あわただしい様子に小声で挨拶して電気メーターのところに向かった。

引っ越し業者と話し、家の中に「おーい、あの書類」と叫んでいた茶髪の男に私の挨拶は聞こえなかったらしい。私のほうに目を向けた男は、「なに」と乱暴な声。いらいらし、いまにもキレそうなその目つきに不安を感じた。

「け、検針です。電気メーターの」

「あとで来てよ」

「えっ」

玄関横の電気メーターの前で私は声を詰まらせた。

「あとで来てよ。忙しいんだよ」

「み、見るだけですから」

同じ家に二度も来るほどのんきなわけにはいかない。

今日は３３２件ある。[*] やっと82件目である。それに電気メーターは目の前。私は右目を男に、左目を電気メーターの指示数に向けた。

あんたね、こっちはそんなのんきな仕事をやっているんじゃないんだよ、と言いたかったが、指先は震えていた。

「あとで来いって言ってるだろう。聞こえんとか！」

引っ越し業者の男性が気の毒そうに私を見た。

「あとで来いって、わからんのか！」

同じ言葉をくり返した男の顔に激しい感情が広がっていた。

思わず後ずさった。引っ越しのいらだちのすべてを私に向けようとしている。いや、彼の人生のいらだちのすべてを私に向けようとしているのだ。

い、いま終わりますから。

私は左目で読みとった指示数を入力した。２９６４。

３３２件ある
１日の検針件数は２００件から４００件。家が散在している地区か、住宅密集地かによる。当然、件数によって稼ぎは違ってくる。当時１件40円だった。

はたと指が止まった。

十の位は「6」ではなく「8」だったかもしれない。誤検針*は始末書を書かなければならない。さらに現場での個別指導*がある。年に10件もやるとクビになる。いや、クビより身の安全のほうが先だ。十の位の間違いなど無視だ。

64だ。2964だ。

それに誤検針でもして、こんなひどい客がいたことを訴えたほうがいい。引っ越し業者の男性が証人だ、などと混乱し、印刷された「お知らせ票」を男に差しだした。

男はいまにも飛びかかってきそうな顔で受けとった。

引っ越し業者の男性は気の毒そうな顔のままだった。

バカめっ、こんなボロ家に引っ越してきやがって。

腹立たしい気持ちで門を出た。

1カ月後、その家に人の気配はなかった。

物干しにタオル一枚もかけてなく、ガラス戸や軒先はほこりっぽく、庭の夏草は生いしげったままだった。そして電気メーターの回転盤はピタリと止まってい

誤検針
電気の使用量を余分に、あるいは少なく請求すること。次月、使用量のつじつまが合わないことで判明。たとえば使用量がいつもより多かったり、マイナスになるなど。そのときハンディの警告音が鳴り、検針員は震えあがる。電力会社はお客さまへの謝罪、請求額の調整と忙しくなる。

個別指導
誤検針をやったとき個別指導がある。とくに新人検針員に対して行なわれる。場合によっては、その現場に行っての指導となる。厳しい社員に指導されると、気持ちのいいものではない。月に2、3件もやると、「あなたはこの仕事に向いていませんね」と注意される。「そうですか」と答えておけばよい。

た。電気の使用量は86ｋｗｈだった。

某月某日　**執拗な抗議**：通路をふさぐポリバケツ

「こらっ、あんた、どっから入ってきたの」

電気メーターの指示数を読みとり、ハンディ*と呼ばれている小型のコンピュータに入力しているとき、突然、背後に女性の声がした。

「さきほど挨拶はさせていただきました」

振り返って頭を下げた。

「庭を通ってきたんでしょう。だいが庭を通っていいって言ったの」

小太りの女性が腰に手をあて私をにらみつけていた。ここは女性の勢いに従うしかない。はっ、と腰を低くする。

「はっ、じゃないわよ。あんたは新しんでしょう。前の人はちゃんと後ろから来ていたわよ。これが置いてあるのがわからないの。ここをあんたが通らないため

ハンディ
検針用の小型コンピュータ。お客さまの名前、計器番号、電柱番号、過去の使用量などがデータとして入っている。過去の使用量がなぜ必要となるか。家庭における電気の使用量はそんなに変動するものではない。当月が極端に多かったり、少なかったとき、警告音を出すためである。ハンディが検針員に「再確認せよ」と命令するのだ。

よ」

指さされたところには、なるほど軒下の通路をふさぐように大きなポリバケツが置いてあり、緑色に濁った水が満々と溜まっている。庭木にやるために雨水でも溜めているのかと思っていた。

「あんたはいつから、うちに来ているの？」

「もう、1年近くになります」

「じゃ、ずっと、庭を通っていたのね*」

「はい」

「もう、許せないな。なんで、前の担当者*に聞かないの」

「はい」

「それにね、私はいつも気になっていたんだけど、この電気メーターはどうして、ここについているの？」

女性は隣の家の電気メーターを指さした。

「あんたは、このメーターもうちの庭から見るんでしょう。最初からそのつもりで、ここにこの高さで取りつけたんでしょう」

庭を通っていたのね
検針員が前庭を通ることを嫌うお客さまは多い。家の横の電気メーターに行くのに遠回りになっても後ろを通ってくれと言われる。庭を踏み荒らすこともあるが、本当の理由は家の中を覗かれたくないのだと思う。いつも昼寝をしている奥さんがいた。あるとき、庭を通らないように、と苦情の電話が入った。

前の担当者
地区の担当替えをしたと

隣の家の敷地は一段低くなっている。そして電気メーターはたしかに女性の家の庭から検針しやすい高さに設置してある。下の家から見るには高すぎる位置にある。でも、そんなことを私に言われても答えようがない。

「私が気にいらないのはね、勝手にこんな取りつけ方をしたことよ」

「はい」

「これを移しかえることはできるの」

「できます」

「じゃ、そうしてよ」

「でも、それは隣の家の人が決めることで」

私はわざと隣の家の人に聞こえるように声を高めた。

「それに、これは、隣の家の人が依頼された電気業者*が設置したもので、Ｑ電力が設置したものじゃないんです。お客さまがどうしてもとおっしゃるなら、隣の家の人と話してください」

隣の家は夏の暑さの中で静まりかえっていた。

「そう」


き、前任者からの引き継ぎを行なえば、見つからない電気メーターで検針が遅くなることがなくなる。お客さまとのトラブルも回避できる。わかっているのに会社はそれをやろうとしなかった。

電気業者
電気メーターは電力会社のもの。その取りつけは電力会社の下請けの委託業者が行なう。取りつける位置について細かな規定はない。人の頭がぶつからない高さ、２メートル以上であればよい、とか（Ｑ電力の担当者）。だから３メートルあまりの高さに取りつけてもだれも文句は言えない。ただ検針員が泣くだけである。

女性は短く答えたものの顔のこわばりは失っていなかった。

「このメーターを見てもかまいませんね」

「いいとは言わないわよ」

でも、目の前41センチ、見えるんですから仕方ないですよね。

「この次からは後ろから来てね」

「後ろって、どこですか？」

「ほら、そこを来ればいいの。道路からまっすぐよ。近いはずよ」

私は腰にくくりつけたプリンター*から「電気料金ご使用量のお知らせ*」を切りとった。

50A、使用量941kwh、請求予定額20041円。

その夏は猛暑で電気の使用量はうなぎのぼりになっていた。

「今後もよろしくお願いします」と言って女性に「お知らせ票」を渡した。

なにをお願いしているのかわからない挨拶だったが、私は女性が教えてくれた家の後ろから退散した。

隣の家の指示数は女性と話しながら読みとっていた。

腰にくくりつけたプリンター

「お知らせ票」を印刷するためのもの。これを腰にくくりつけたとき、「よし、やるか」という気分になる。子どもたちの前で印刷すると、珍しがって見るので、少し誇らしくなる。

「電気料金ご使用量のお知らせ」

電力業界では右へならえの傾向が強いのか、どこの電力会社もこのような名称を使っているはず。驚いたのは、お客さまの個人情報が漏れたときのお詫び状。T電力とQ電力とまったく同じ文面が使用されていた。行政の指導か、責任を取りたくない担当者の右へならえか。

某月某日　七つ道具：職務質問間違いなしの代物たち

検針員はハンディを片手に、家々を一軒一軒しらみつぶしにバイクで、あるいは自分の足で駆け回っている。

現場では電気メーターを探し、その指示数をハンディに入力し、「お知らせ票」を印刷してお客さまの郵便受けに投函する。

入力したデータは夕方までにQ電力に持ちこまなければならない。検針したデータをホストコンピュータに引き渡すと同時に、翌日分の検針データをハンディに入れてもらう。

そのあと、さらにわれわれの直接の雇用主である錦江（きんこう）サービス興業*に出向いて当日の業務終了の報告書を提出する。ここまでが電気メーター検針員の仕事である。

電気メーターは検針しやすいところにあるとは限らない。

錦江サービス興業
Q電力の検針業務を請け負っている会社。われわれ検針員はこの会社に雇用され、仕事をもらっている。パイプを太くするため、支社長はQ電力からの天下り。甘い蜜を吸って2年ほどで退職していく。錦江サービス興業からの叩きあげでは絶対に支社長にはなれない。

だから電気メーターの検針員は〝七つ道具〟*を持っている。

一般の人がカバンの中に忍ばせておこうものなら、まず素行を疑われ、警察官による職務質問間違いなしの代物である。

七つ道具のひとつが、伸縮自在の柄のついた検査鏡である。柄の長さはせいぜい50センチ。それでは使いものにならないから、自分で柄を継ぎたし150センチくらいにしたものであるが、高いところの電気メーターや、頭を入れることもできない狭いところに設置された電気メーターの検針に使うのである。

これは便利と思いきや、それがとんでもない。

鏡像は左右が反対に映る。計器番号も、指示数も左右反対に映る。

その反対に映った数字を読みとらなければならないのだ。しかも小さな数字なのだ。2と5を混同し、6と9を混同し、頭は混乱し、3は8に見え、1は7に見える。誤検針の5大原因*のひとつであり、新人検針員はここで手間取り、そして誤検針をやり、厳しい指導を受けることになる。

「お宅、鏡を見たことないの。自分の顔が鏡にどう映るか見てみたら」

「はぁ」

七つ道具
とんでもなく高いところや、ブロック塀の上を歩かなければならないところなどに取りつけられた電気メーターを検針するために必要となる。「検査鏡」「小型のライト」「双眼鏡」など、悪用可能な道具ばかり。ただし私は悪用したことはない。

5大原因
雨、雪、光の反射、吠えたてる犬、体調不良などが誤検針の原因。本当は5つどころではない。会社は原因を追及する。「なんかなければ間違わ

「わかるでしょ、鏡は右と左、反対に映るの」

「ええ」

「反対にした数字を読みとる練習をしてくれる」

「はぁ、でも、なんで上と下は反対に映らないんでしょうね」

「いま、そんな話じゃないでしょ」

錦江サービス興業の鹿島課長は目をつりあげた。

小型の双眼鏡も七つ道具のひとつ。

中学生のころ、テレビで「コンバット」という戦争ドラマを観たことがあったが、その中の双眼鏡を使う場面があまりに格好良くて、双眼鏡が欲しくてたまらなかった。検針の仕事で使い始めてこんなやっかいなものはないと思った。

ショルダーバッグの中でかさばり、結構重い。そして計器番号や指示数の小さな数字にレンズを合わせ焦点を合わせるのが難しい。バイクで走り回っていた手は腱鞘炎（けんしょうえん）状態で震える。冬場は寒さに体と指先が震える。

雨の日は最悪である。双眼鏡のレンズが濡れる、曇る、電気メーターのガラス

ないでしょう。原因はなんなの？」。検針員は言い訳を探す。「単なる不注意」が「日差しがまぶしかったものですから」とか、「犬に吠えたてられたものですから」になる。

が濡れている。雨滴（うてき）がついていると8は3になり、6は8になり、7は1になり、9は7になる。もう無茶苦茶なのだ。

何度、えい、やっ*、とばかりに検針したことか。

そして雨の日は薄暗い。

そこで500ルーメンの強力な小型ライト*を使うのであるが、それがたいへんなことなのだ。双眼鏡と小型のライトを一緒に使わなければならないときは手が足りなくなるのだ。

両方を電気メーターの小さな数字に合わせるのである。もしその計器のガラスに雨滴がついていようものならお手上げである。そのときは、えい、やっ、でやるしかない。

通常はハンディの計器番号を読みとり、電気メーターの計器番号を読みとって、指示数を読みとり、ハンディに入力し、再度電気メーターの指示数を確認して、そして「お知らせ票」を印刷しなければならない。

これが「時間帯別昼夜間メーター*」であれば、指示数は3種類あり、もう最悪となる。デイ、リビング、ナイトという3種類の指示数がたしか5秒置きに表示

えい、やっ
結露や曇りで見えにくいとき、あるいは吠えたてる犬がいるとき、このかけ声で適当な数字を入力する。ただし回転盤がよく回っていて、見えにくい指示数が1と10の位のときだけ。間違っても100の位、1000の位ではやらない。大きな位でやると、えい、やっ、が発覚する恐れがある。

小型ライト
覗き見の道具のひとつ。飲食店街のビルは昼はまっ暗。雨や台風のときなど世の中がまっ暗。そんなとき使う、七つ道具のひとつ。LEDのおかげで小型化し、照射力も強くなったのでありがたい。検針員は小型のライ

されるのであるが、それを双眼鏡と小型のライトを使って読みとり、デイ、リビング、ナイトの種類ごとに入力し、印刷し、再度、確認をしなければならないのだ。

しかも、最初の入力はデイの指示数からしかできないので、その指示数を見逃すと、リビング、ナイトのあとに再びデイが表示されるのを待たなければならない。それが15秒くらいかかる。イライラさせられる。

指示数にライトの明かりを当て、双眼鏡のレンズを合わせてデイの指示数が表示されるのを待つ。指示数が表示されたら読みとって双眼鏡とライトを手離し入力する。これを3回くり返さなければならないのだ。

一度、3種類の指示数を一気に読みとり、記憶してまとめて入力しようとしたことがあったが、4、5ケタの数字を3個も覚えるのは私にはできなかった。

誤検針をやり、「当日は雨で、ガラスが濡れており、しかも双眼鏡と小型のライトを使って検針したのです」と言っても言い訳にはならない。

錦江サービス興業の鹿島課長に、

「他の人はちゃんとやっているじゃないですか。そんなことを言うのは川島さん

トで科学の進歩を実感する。

時間帯別昼夜間メーター　電気料金は時間帯によって異なる。デイ、リビング、ナイトと3段階の料金が設定してある。ナイト（深夜）はもっとも安い。安い時間帯にご飯を炊き、洗濯機を回し、温水器のタンクのお湯を沸かしておく。しかし「リビング」って何語？「一家団欒時間」とでもしたらいいのに。

だけじゃないですか。あと6件やったら、さきはなかですよ*」といつものセリフで怒られるだけである。

彼の気持ちもわからないわけではない。

Q電力に報告する鹿島課長も、彼よりひと回りも若いQ電力の社員に同じことを言われるのだ。

「なんですか、こんなに誤検針を出して。ちゃんと指導しておっとですか」

ものすごいストレスだと思う。

この時間帯別昼夜間メーターの検針料は通常のメーターよりたしか3円高かった。

某月某日 **稼げる地区、稼げない地区**：だれだってラクに稼ぎたい

検針地区にはやりやすい地区、件数が稼げる地区があり、その反対にやりにくい地区、件数が稼げない地区がある。

さきはなかですよ 誤検針のたびに言われる脅迫の言葉。誤検針は年に10件もやるとクビになる。しかし検針の仕事にしがみつこうと思わなければ、なんの意味もない言葉ではある。

件数が稼げる地区では1日に2万円以上稼げるが、件数が稼げない地区では8000円くらいにしかならない。

検針がやりやすく、件数が稼げる地区はマンション、アパートや商業ビルの密集した地区であり、鹿児島市の平之町（ひらのちょう）、東千石町（ひがしせんごくちょう）、天文館*などがそうである。鹿児島市の中心地であり、そうした地区では1日に500件、600件の検針ができ、しかも時間もかからない。大型のマンションなど1棟で100世帯ぐらいが入っているところもあり、電気メーターは各戸の入口のドアの上か、計器収納ボックスの中にガスや水道のメーターとともに収納してある。

上の階から下の階へすたすた歩いて検針でき、雨も降らなければ雪も降らない。犬に吠えたてられる心配もなく、晴れた日には桜島の雄大さを間近に見ながら検針できる。

手際よくやれば100件を130分で検針でき、そこだけで4000円あまりの稼ぎになる。ただしオートロックの普及でマンションへの出入りが難しいところがあるのはたしかである。

オートロックマンションへの出入りについては守秘義務*があるので詳細を書く

天文館
天文観測所「明時館」があったところで、それにちなんだ名称。島津重豪（しげひで）が1779年に設置したもの。現在は飲食店、居酒屋、バー、クラブ、フィリピンパブなどが立ち並び、そのきらきらで星明かりの消えた地区。

守秘義務
お客さまや会社の情報は外部に漏らしてはならない。毎月の電気の使用量や電話番号などなど、あるいはオートロックの暗証番号など絶対に口外してはならない。

ことは避けなければならないが、管理人さんがいるところは入りやすい。
が、管理人さんが巡視や掃除で管理人室にいなかったとき、しかも管理人室が建物の中にあるとき、お手上げである。管理人さんが戻ってくるのを待たなければならない。

　マンションに出入りする人と一緒に、あるいはすれ違いに入館することは会社では禁じている。また大型のマンションなどでは入居者自身が警戒している。「許可を取ってくださいね」とぴしゃりとやられる。

　大型のマンションでなくてもいい。10世帯とか20世帯くらいの集合住宅でも検針はさばけるのだ。一戸建て住宅をしらみつぶしに検針してきたあとで、そうしたアパートやマンションにたどり着いたときのうれしさ、ほっとひと息いれられる。立ちどまって水分補給の余裕もある。

　検針がやりにくいのは山があり、畑や田んぼが広がり、その中に家が点在している田舎である。バイクで一軒一軒しらみつぶしに検針しなければならない。

　家があまりに点在している地区は会社では僻地と規定して、検針料を5円ほど高く設定していた。東市来（ひがしいちき）や郡山町の山際の地区などがそうした地区である。

僻地では庭に出てきた家の人が親しげに挨拶はしてくれるが、件数は稼げない。時間はかかる、ガソリン代*はかかるで、とても5円の割増し*では採算はとれない。携帯電話も圏外になったり、10メートルくらいのロープにつながれた犬に吠えたてられたりする。さらには古い家の裏手などじめじめとしムカデがいたり、足下に太いヘビが這っていたりして命が縮まる。

干してある洗濯物をかきわけて電気メーターまでいかなければならないこともある。濡れた洗濯物が額に触れたときの気持ちの悪さ、なぜそんなところに洗濯物を干すのと言いたくなる。

ある検針員が干してあった妻の下着にさわったと苦情の電話をされた。本人はさわっていないと言い、社員も一緒に出向いて話をしたらしいが納得してもらえなかった。現場の写真が社内に掲示され「疑われるような行動に注意しましょう」と注意喚起してあった。

さわったのか、さわっていないのか、「悪魔の証明」である。

戸建ての住宅団地も検針しにくい。

ガソリン代
東市来とか鹿児島市外に住んでいるとガソリン代はかかる。会社までの距離だけで片道35キロ。検針現場がその先だと片道40キロ以上になる。原付バイクは危険なので、なるべく車で現場に行き、徒歩で検針することになるが、1日100キロ近く走るのは肉体的にも金銭的にもかなりの負担である。

5円の割増し
僻地は検針料が5円割増しで当時45円だった。僻地は件数がさばけない。そもそも件数が少ない。200件くらいやったとしても、割増しとしては全部で1000円にすぎない。田んぼの中を走ったり、山道をのぼっていったり、労力と時間に見合うものではなかった。

まず門の開け閉めである。西郷団地*では戸建てを300件検針するが、ざっと600回、門の開け閉めをしなければならない。それを素手でやっていると指先が痛くなってくる。冬場など金属の冷たさに手がかじかんでくる。

素直に開閉できる門だけならいい。門扉の上下にフックがあったり、フックが壊れたのでヒモでぐるぐる巻きにしてあったりする。面倒極まりないのだ。

当然だが、帰るときは門扉は必ず閉めなければならない。元のとおりにヒモでぐるぐる巻きにしなければならない。家の人は用心しているからこそ、ぐるぐる巻きにしているので、同じようにぐるぐる巻きにしなければならない。手抜きをすると苦情の電話がQ電力に入ることになる。

門扉に南京錠を掛けてあったりするともうどうしようもない。

親切な家では、検針員に合いカギの置き場所を教えてくれたりするのだが、そういう家ばかりではない。

吹上町の家であるとき南京錠が掛けてあった。門扉は乗り越えられる高さだったので、だれも見ていないとばかりに、えい、やっ、と乗り越えて検針をした。*苦情の電話が入った。

西郷団地
近くに西郷南洲野屋敷跡があるので、それにちなんだ名称だと思われる。なお「西郷」の名字は鹿児島市近辺では珍しくない。

乗り越えて検針をした
ある家の、不在がちのお

「門にカギを掛けていたのに検針がしてある。これはどういうことだ？」

社員同伴で謝りに行った。以後、前日に電話をして検針をするということになった。

「ほんと川島さんも困りますね。なんで相談せんと。会社に電話してよ」

電話をしたら門を開けてくるっとですか？

ばあさんから「門扉を乗り越えてかまわない」と言われた。高さ3メートルあまりの門扉である。2メートル近い横のブロックに乗り、そこから庭に飛びおりていた。通りがかりの人が見たら110番されかねないものがあった。

某月某日　**女子更衣室の奥のメーター**：あるクラブでの検針

天文館などの飲食店街のビルは昼間は暗い。人の気配もない。

女性のはなやかな笑い声も聞こえなければ香水の香りもしない。

夜のにぎやかさは嘘のように消え、薄暗く、ほこりっぽい淀んだ空気が漂っているだけである。「1時間4000円ぽっきり」の立看板がこっけいで、グラビア雑誌を飾りそうなフィリピン人女性の顔写真もただの印刷物にしか見えない。状況が変わると物事はこんなにも変わって見えるものかと驚いてしまう。

あるクラブでは、検針は店舗の中*に入らないとできなかった。借りてあるカギで中に入るのだが、電気メーターは女性の衣装入れの奥にあった。女性が夜の仕事で着る衣装やハイヒールなど5～6人分が置いてあり、その衣装をよけて検針するのである。これを着るのはどんな女性かと想像すると、気持ちがざわついてしまうのだった。

多くのビルは外の明かりが入ってこず暗く、その暗がりにダンボールやビールケースなどが雑然と置いてある。人の気配はなく、ときどき後ろを振り向かずにはおれない静かさがある。

男の私でさえ恐いのに、女性の検針員ならもっと恐いだろうと思う。背後でコトリと音でもしようものならギクリとする。*足が震える。暗さの中で、孤独と不安をかみしめながら検針をするのだ。だから小型のライトは守り神のようなものである。

一度、そのライトを落としたことがあった。明かりが消えたときのあの不安感。とりあえずそこを抜けだし、外の明るいところに出た。

そして仕事を中断してかなり離れた100円ショップまでライトを買いに行っ

検針は店舗の中
電気メーターはどこにでも設置してある。店舗の中、衣装戸棚の中、倉庫の中。最初からそんなところに設置したのではない。増改築の結果である。

音でもしようものならギクリとする
バーやクラブ専用のビルは昼間は無人である。その静かなビルで突然エレベーターが動きだすことがある。酒類、つまみの食料などの配達業者さんである。最初は警戒した。恐いお兄さんが現れたらと思い、知らず逃げ口を探していた。

た。あの時間の損失。くやしいものがあった。

それ以来、ライトはヒモで首につるし、予備にペン型のものと、さらに予備の乾電池も準備しておくようになった。

電気メーターをどこに設置したらよいか、だれも検針員のことなど考えてくれない。電気工事業者も、そしてＱ電力すら考えてくれないのだ。

さかのぼるなら電気メーターを作る人さえ考えてくれない。

計器番号と指示数には見やすいものと見づらいものがある。

見やすいものは金属板に数字を刻印したあと、その数字を黒塗りにしたものである。見づらいものは金属板に刻印しただけのものである。金属板はアルミのような合金だと思われるが、ライトや日の光で刻印した数字も本体部分と一緒に白く光ってしまうのだ。

３分の１くらいがそういう電気メーターだったが、作った人を呪いたくなる。

そんなとき、あんたが誤検針をやらせているんじゃないか、と恨み言のひとつも言いたくなる。

某月某日　脚立の上で悲しくなる：「あなたは社長さんです」

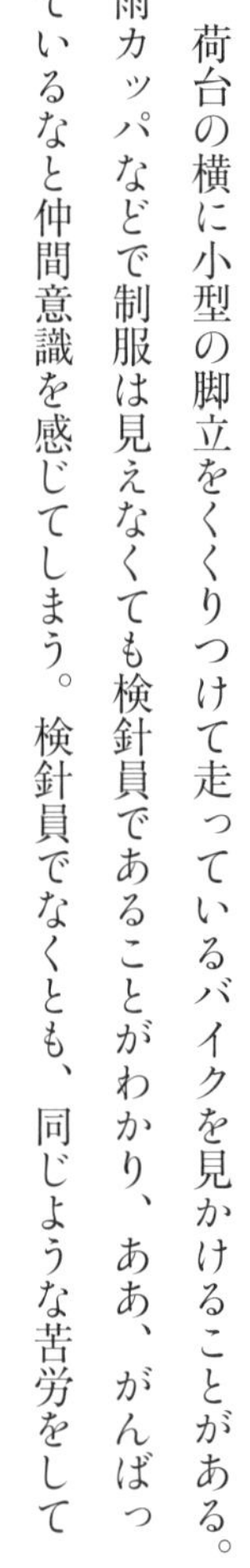

荷台の横に小型の脚立をくくりつけて走っているバイクを見かけることがある。雨カッパなどで制服は見えなくても検針員であることがわかり、ああ、がんばっているなと仲間意識を感じてしまう。検針員でなくとも、同じような苦労をしている人だなと見てしまう。

バイクにくくりつけられるのは2段のもので、たいていはそれで対応できるのだが、それがなんの役にも立たない電気メーターに出くわしてしまった。

下田町で保育園の建設工事が行なわれていた。

建物の外観が完成したころ、小さな運動場の片隅に鉄柱が立ち、電気の引きこみ線が引かれた。まだ結線されないまま引きこみ線は柱のところで垂れ下がっていた。

気になったのは鉄柱の高さである。3メートル近く。ちょっと高すぎる。

まさかそんなことはないだろうと思っていたら、次月、鉄柱に取りつけられた電気メーターを見て、腰を抜かしてしまった。

電気メーターは鉄柱のほぼ先端に、３メートル近くの高さに取りつけられていた。しかも保護ケース*に収納してあったのだ。

なっ、なんということ。

だいが、どげんして検針すっとですか？

高すぎる。電気メーターを設置するには異常な高さである。素人が見てもわかる。２段の脚立に乗り、伸縮自在の検査鏡を使ったとしてもはるかに届かない。しかも保護ケースがあり、中は暗くなっているので双眼鏡も使えない。顔を近づけてもライトなしには検針できそうにないのだ。

雨の日には保護ケースのガラスに水滴がつき、雪の日には雪がつくだろう。検針員ならだれでも知っていることを、電気業者もＱ電力も知らないのだ。

だれがどう見てもお手上げである。えい、やっ、で検針することすらできない。バケツを片手に忙しそうにしていた女性に声をかけた。園長に出てきてもらった。

「どうしたらいいですか？」

保護ケース
電気メーターは雨ざらし風さらしでも問題ない。が、ケースの中に収納してあるものがある。ある家ではそのケースをさらにビニールシートで覆っていた。透明とはいえビニールの内側に汚れがつくと検針が難しくなる。その旨ご主人に話したら、逆上された。よほど電気メーターがかわいいのか。

出てきた園長はニコニコとし、穏やかに話された。

この園長でよかったと思いながら、検針できる高さに設置し直すか、大型の脚立を準備してくださいと話した。園長はすぐに、

「脚立を準備します。あそこに置いておきますから、それを使ってください」

と言われた。

園長のもの柔らかさに*、ふと下福元（しもふくもと）のことを思いだした。

下福元の中古車販売会社では車庫の横の電気メーターに行くのに横倒しのドラム缶を乗り越えなければならなかったが、その空っぽのドラム缶をどけてもらえませんかとお願いしたら怒られた。

客待ち顔に外を見ていた男性は一瞬にして顔を四角にして、「前の人はそんなこと言ってないよ。ちゃんと検針しておったが！」と怒鳴った。

中古の車が10台くらい展示してある小さな販売会社。なかなか客が来ない。なかなか車が売れない。その腹いせを私にぶつけてきたようだった。

保育園では、次月、電気メーターの鉄柱の近くに5段の脚立が置いてあった。

園長のもの柔らかさ
職業には適正があるのだろう。あの園長は丸い顔でニコニコしておられた。検針員に適正はあるだろうか。体力と視力。それに誤検針をごまかす度量が適正かもしれない。

おそらく2万円はしただろうというもので、思わず心の中であの園長にお礼を言った。

それでも、その電気メーターの検針は恐かった。

5段の脚立の上*で両手を離し、ハンディとライトを手に検針し入力するのである。しかも電気メーターは2個あった。下を見れば高さが恐い。両手を離せば後ろにひっくり返りそうで恐い。

ころげ落ちて命を落としても業務委託の検針員はただそれだけである。なんの保証もない。種々の社会保険はおろか、労災もない。法律すら守ってくれないのだ。

5段の脚立の上で悲しくなる。

錦江サービス興業に面接に行ったとき、鹿島課長に言われた言葉を思いだす。

「あなたは一国一城の主です。社長さんです」

あまりに突拍子もない言葉に笑うこともできなかったが、鹿島課長はまじめな顔をしていた。

「業務委託というのは、会社は仕事をお願いするだけです。あとはすべて自分の

5段の脚立の上
下からではなんでもない高さでも、そこにのぼると恐いものがある。子どものとき遠くが見渡せると楽しかったが、歳をとって恐くなった。なにかにしがみつきたくなる。両手を離すなど、サーカス並みの恐さである。

責任で仕事を行なっていただくということです。ひとことでいえば検針員は個人事業主の社長さんです。稼ぎは社長さんのがんばり次第です。がんばってください」

中国製の安っぽい制服で、ＰＭ２・５*の予報もなんのその、濃厚な車の排気ガスを吸いながら、夏は汗だらだら、冬は寒さに震えてバイクで走り回っているのである。それで１件40円。１日にせいぜい２５０件、１万円の稼ぎである。ガソリン代や電話代を差し引くと７０００円くらいになることもある。

引っ越し中の若い男に怒鳴られ、前庭を通ったといっては苦情を言われ、錦江サービス興業の若い社員に怒られる。この私が社長？

仕事中、交通事故で死んだ検針員がいた。

鹿屋(かのや)営業所の若い女性だった。

バイクで交差点を右折するとき、直進車と衝突したのだった。即死とのことだった。通夜に行った鹿児島支社*の支社長は「とても穏やかな顔をしておられました」と検針員会議で話していたが、亡くなった女性の無念さ、そして若い娘を失った両親の悲しみを理解していたとは思えなかった。

ＰＭ２・５
だれかが中国から輸入している有害物質。吸いこまないほうがよいもの。吸いこんだら、そっと吐きだしたほうがよいもの。春と秋がもっとも多く、ひどいときは山肌がかすんで見える。昔の「やまがすみ」とは異なる。車の排気ガス、そして鹿児島では桜島の噴煙も一因。

鹿児島支社
錦江サービス興業の支社は九州各県にあった。支社がその県下にある営業所を管轄していた。検針員は営業所がどこにあり、どんな検針員がいるかなど知る機会などなかった。

検針員の苦労など知らない、Q電力を定年退職した2年間の腰掛け天下り支社長*である。

そして会社からなにがしかのお見舞い金を出したと話していたが、おそらくなんの慰め(なぐさ)にもならなかっただろう。

それが業務委託員なのだ。

九州から北海道、日本全国に何万人の検針員がいるのだろうか。

電気メーターだけではない。ガス、水道の検針員もいる。

ふと日本全国の検針員に思いをはせてしまう。

某月某日　足のすくむ検針：落ちるときにはせめて…

照国町(てるくにちょう)の整骨院*の電気メーターも恐かった。

2個の電気メーターは足のすくむところに設置してあった。

立派な建物の側面で、こともあろうに検針をするにはブロック塀の上を歩いて

腰掛け天下り支社長
前述のとおり、支社長はQ電力からの天下りである。Q電力と錦江サービス興業間のパイプ役。もちろん検針の現場に出向いたことすらない、現場を知らない支社長である。たしか2年ごとに交代していた。

整骨院
なかなか立派な建物が多い。こつこつと働いて儲けられたか。それとも診療報酬の不正請求で貯めたのか。町医者並みの立派さである。

行かなければならなかった。

右手は一段低い隣の家の敷地で、ブロック塀の高さはその家の屋根の高さである。足をすべらせれば、その家のコンクリートの敷地に叩きつけられる。雨の日、そして雪の日の恐かったこと。

危険な設置場所の電気メーターは場合によってはQ電力が移設してくれるのだが、整骨院の院長は同意しなかった。

「こんくらい歩けるでしょう」と自分でブロック塀の上を歩いてみせた。

私が壁に手をついて半歩半歩と足を運ぶところを、下の敷地を見ないようにして歩くところを、若い院長は両手を広げて歩いてみせた。

検針員は右手にハンディ、腰にプリンターをくくりつけ、そして七つ道具や飲み物、おにぎりなどの入ったショルダーバッグ*を左肩にかけているのだ。雨の日はカッパと雨靴で動きが制限されている。冬場は防寒用のジャンパーなどで厚着になっている。院長の真似などとうていできない。

私は毎月、落ちるときにはせめて足腰がやっと入りそうな整骨院側のわずかな隙間に落ちるつもりで検針するしかなかったのである。

ショルダーバッグ
検針は歩きかバイクで行なうが、歩きのときはショルダーバッグが必要。七つ道具にくわえて、予備のバッテリー、「お知らせ票」を印刷するロール紙、タオルなども入っており、結構重い。

ある検針員が教えてくれたのだが、庭に放し飼いの犬や、あるいは電気メーターの真下に犬小屋があるときなどにドッグフードをばらまき、犬を手なずける。七つ道具のひとつである。

あとで新聞で読んだのだが、これはプロの泥棒の方法でもあった。捕まえた泥棒が粒状のもの、乾燥肉などいくつかのドッグフードを持っていたので問い詰めると、「これでどんな犬もおとなしくなります。ドッグフード代くらいは稼がせてもらいますから」と自供したということだった。もちろん、「社長」の私もこの方法を用いる。

ただし、家の人が在宅のときは要注意である。いつ奥さんが出てきて、「なにをやったんですか」と怒られかねない。

飼い主は、他人が自分の犬になにか与えることを嫌う。もし見つかると怒られ、Q電力に電話されてしまう。*「こちらだって命がけなんですよ」と言いたいのだが、「すみません。もうやりません。だから電話だけは勘弁してください」としか言えない。

Q電力に電話されてしまう

「お知らせ票」にはQ電力のコールセンターの電話番号が記載してある。コールセンターのスタッフは状況を確認しないで、なんでも「はいはい」と受けてしまう。そのとばっちりを受けるのが検針員である。

奥さんが出てきそうにないなら盛大にドッグフードをばらまいてやる。わざと広くばらまいて、時間稼ぎをする。

なんの訓練もされていないただの番犬、どんなに吠えたて攻撃的になっていても、餌さえ与えればイチコロである。検針を終わって門から出るころには鼻をすり寄せてくる。そうなるとこちらがほろりとなってしまう。

「ああ、いい子だった。また来るからな」と言葉をかけ、次月は奮発して乾燥肉を持っていくことになる。

そんなとき、ふいに錦江サービス興業の鹿島課長のことを思いだす。これは失礼だろうか。本当は彼も苦労しているのだと思う。

彼は仕事中にときどきいなくなり、外で酒を飲んでいるということだった。時には、夕方の電話で直帰するらしかった。九州を支配している超巨大企業の、その下請け会社の課長である。ただひれ伏すしかないその苦労に耐えきれなくなるのだろうか。

某月某日　テゲテゲやらんな：騒がしいガールフレンド

伊集院の寺脇に独り暮らしのおばあさんがおられた。小太りで元気な80半ばの橋口さんである。近くにお姉さんが住んでおられ、検針のたびにふたりで大声で話していた。

近所はお姉さんの家が300メートルほど離れたところにあり、その他の近所は1キロ以上行かないとない。人恋しくなるのも当然だろうなと思う。

電気メーターは戸口の横にあり、「検針でーす」と声をかけたとたん、ちゃぶ台のところに座っていた橋口さんが首を伸ばして、「お茶を飲んでいかんや」と言われる。タクワンとお茶をもらって、引き替えに話し相手をさせられるのである。

大阪に行っている娘、その子どもたち、近所に住んでいる親戚のこと、菜っ葉作りと話はとめどもなく続く。

「もぞかど。*孫はまこてかわいか」

橋口さんは丸顔の目を細めて言う。

「何人おるんですか？」

「2人を。7歳と5歳を。いやもう17歳と15歳じゃたけな」

そんなところにお姉さんが「おいや」と来られる。

「ほら、カボチャを持ってきたど」

よく似た姉妹である。ふたり並べて見るから区別がつくが、道ばたで別々に会ったらわからないだろう。丸い顔、丸い体つき。ふたりとも頬のあたりに若いときのかわいらしさが少し残っている。

「こんしただれな。はんが*ボーイフレンドな」

お姉さんが言い、3人で大笑いした。

「電気じゃらお。こん前も居いやったがな」

「じゃったけ。*まこて良かにせじゃ」

「そんなこと言うても、電気代は負けんど」

「そらじゃった。はい、タクワン」

もぞかど
鹿児島弁で「かわいい」の意。

はんが
鹿児島弁で「あなたの」の意。「お」をつけて「おはんが」と使うと少しやわらかくなる。

じゃったけ
「だったかな」の意。「そげんじゃったけ（そうだったかな）」のように使う。

橋口さんは箸でつまんだタクワンを差しだされた。タクワンをバリバリやる私をお姉さんは見ていた。そして、

「そいで、はんな、こげなとこいでサボって、良かじゃ」

「たまいな良かをなぁ。テゲテゲ*やらんと、なぁ」

「こげな婆さんたちと、面白なかどが」

私の返答は笑顔である。

「奥さんな。元気しておいやっと」

来たと思った。独り身の私には苦手な質問である。適当に答えるしかない。

「元気して居っど」

「子どもは。もう、大きかっじゃろ」

そら来た。また適当に答える。

「子どもは居らんですよ」

「はら、さびしかな」

「あんたは鹿児島ん人ね」

「ないごてですか*」

テゲテゲ
鹿児島弁で「適当に」。あまり一生懸命やらなくてもいいんじゃない、のような意味。本書は「テゲテゲ日記」です。テゲテゲい読んでな。

ないごてですか
「なぜですか」の意。

「話し方が違わせんね」

「なんか上品な話し方じゃな」

自分では鹿児島弁で話しているつもりでも、わかるらしい。

「なご東京におったからな」

そのときである。橋口さんがすとんきょうな声をあげた。

「あ、あそこ」

橋口さんの視線の先を追うと、縁側のところにヘビがあがってきていた。かなり大きな青大将だった。

「ど、どげんかしてくいやん」

「太かッ」

「だいじょぶじゃが」

私もヘビには弱いのだが、ふたりに頼られていると思うと虚勢を張った。恐がってなどおれなかった。土間の隅にあった竹の棒を手に座敷にあがった。

「守り神じゃでな。*殺さんでな」

お姉さんが言い、橋口さんも震える声で「竹藪に追いやってな」と言った。

守り神じゃでな
鹿児島では、ヘビが家の中に入ってくることはよ

私は棒をすばやく青大将の胴の下に滑りこませ、そして力いっぱい庭に放りだした。追いかけるつもりで土間に降りようとしたとき、青大将はそのまま竹藪の中に消えていった。ふたりの騒々しさもすぅーと消えていた。

「寝ておっときでなかったから、良かった」

さすがにふたりの口数が少なくなった。

「魂がった」

「魂がったり、笑ったりして、ふたりとも若返ったがな」

お姉さんがやっと笑った。そして、しきりに「ありがとうな、ありがとうな」と言われた。

「どら、姉さんの家を検針せんなら」

橋口さんの家を退散するときの、私の決まり文句である。

「うちにも居ったら、追っぱろうてな」

「良かですよ」

私はふたりの声をあとに木戸口のバイクのほうに戻った。

くあること。とくに昔のつくりの家では多かった。ネズミを狙って天井裏にのぼっていく。ネズミを退治してくれるので青大将を家の守り神と考える風潮がある。それにしても地べたを這っている青大将が、どのようにして天井裏のネズミを嗅ぎつけるのだろうか。

某月某日　台風一過：屋根まで飛んだ♪

検針員は天気予報を見逃せない。

週間予報をチェックし、翌日分の詳細予報をチェックするのだが、天気が崩れるときは、テレビ各局の毎時間の見られるかぎりの予報を見、予報が外れることを祈りながらハラハラドキドキし、興奮して眠れなくなり、朝方ぐったりとなってやっとひと眠りするはめになる。

9月末、台風21号が鹿児島に上陸した。

またかと思う。

前の週、その前の週と「大型で、勢力の強い」台風16号、18号*が日本列島を縦断し、まさかと思うような災害を日本中に残したばかりだった。幸いにしていずれのときも私は仕事ではなかったが、今度は違う。よりによって下福元と与次郎*1丁目の2カ所。それも検針に手間取る一戸建て住宅が大半で、291件をバイク

台風16号、18号
これらに引き続き21号が鹿児島を襲った。このエピソードは2004年9月のことである。川内川が氾濫し、立派な家がぷ

でしらみつぶしに検針しなければならないのだ。

まいったな、とため息ばかり。

テレビが「台風21号は東シナ海で北東に進路を変える予定です」と言うと、まるでその予報にあやつられるかのように、気象予報士が言ったとおりの時間、言ったとおりの場所で北東に進路を変え、鹿児島に向かってまっしぐら。予報のあまりの正確さに気象予報士とは台風を呼ぶ人かと思ってしまう。

薄暗さの残った静かな朝に、突然、風が吹きだした。

朝方6時、突然、大粒の雨も降りだした。

庭木がざわめきたち、締め切った雨戸がガタガタとやりだした。風がびゅーと笛を吹きだした。気象予報士が言ったように、なんの前ぶれもなく突然、強い風が吹きだした。築30年のわが家の2階が震えだした。生きた心地がしなくなった。外では電話の引きこみ線がちぎれんばかりに揺れ、雨風に叩かれた山肌の木々が白くうねっていた。

とても仕事にいける状態ではない。下手をするとバイクも車も吹き飛ばされて

かぷかと流された。鹿児島市の錦江湾沿いは浸水し、湖のようになった。

与次郎

錦江湾を埋め立てた地区で、当地に塩田を拓いた平田与次郎にちなんだ名称。１９７２年に埋め立てられ、商業施設、病院、競技場、県庁などが建設された。

しまう。恐さに息をひそめた。

山の多い鹿児島では崖下にも崖上にもたくさんの家がある。そうした家の人など、みんな震えあがっているだろう。国道3号線を走っていると、100メートルはあろうかという高い崖の上に家*が並んでいる。でも、なぜあんなところに家を建てるのだろう。

私の家は崖の上にあるわけではないが、数年前屋根瓦が飛んだという。腹を決める。2階の部屋が吹き飛ばされないことを祈りながらじっと待つしかない。この際、検針の仕事など、どうでもいいことだ。

雨風の勢いはさらに強まっていた。

低くたれこめて流れる黒い雲に、この世の終わりかと思う。大地にへばりついて生きている人間の小ささが感じられる。

「さきほど鹿児島市で風速41メートルを記録しました。家の倒壊や電線の切断に十分注意してください」

心配気な顔で親身にしゃべってくれるアナウンサーの声に少し安心する。

しかし、注意したところで吹き飛ばされるものは吹き飛ばされるのだ。彼らは

高い崖の上に家　国道3号線を鹿児島市から日置市に向かって走ると、右手の崖の上に立ち並んだ家が見える。100メートルはあろうかという断崖絶壁の上である。

安全なところでしゃべっているだけである。彼らは決死の覚悟で検針に行く必要もない人である。

びゅーと音が高まった。向かいの家の引きこみ線が縄跳びの縄のように揺れ動きだした。

鹿児島では毎年こんなことをくり返しているのかと思うと、以前いた東京がなつかしくなる。「君を知るや南の国*」なんてものではない。ヘビやカエルがぞろぞろし、トカゲやムカデがぞろぞろしている。2階まであがってきて、コンニチワとやる。暑くて、雨が多くて、湿気が多くて、なにもかもがカビぽっくて、そして台風である。

あまりに過酷すぎる。

鹿児島県はいままさに台風のど真ん中、暴風域にすっぽりと入りつつあった。

その暴風雨が8時すぎに突然ぴたりとやんだ。

向かいの家の屋根からしずくがぽたりぽたりと落ちた。

悲しいかな、そうなった瞬間、職業意識*に目覚め、すばやく身支度をしてバイ

君を知るや南の国
黒澤明の映画「醜聞」の冒頭で歌われる歌。山口淑子が歌っている。この映画、三船敏郎、志村喬らはもちろん、役者の演技がみんなすばらしい。黒澤監督は非常に明確な場面のイメージを頭の中に持っていた。それが観る者を彼の世界に引きこむ力となっていると思う。

職業意識
どんな仕事にも職業意識はある。台風の日も、大雪の日も検針は行なわなければならない。当時の私はそう思っていた。

クをひっぱりだした。人生はこんなもんだと、台風一過のさわやかな空気に向かって走りだした。

下福元まで1時間。10時すぎには仕事を始められる。いつもより2時間遅れにすぎない。人通りも車もほとんどまばら。通勤ラッシュの車に巻きこまれることもなく、台風さまさまかなとうれしかった。

と、思ったのもつかの間、明るみを増していた空が皇徳寺台あたりで急に暗くなり、雨が落ち始め、念のために着ていたカッパにパラパラと音を立てた。そしてたちまち叩きつけるようになり、横殴りの風が吹き始めた。台風の目だったのだ。

団地の坂をくだるとき、私の前を走っていた車が風によろめいた。恐ろしかった。坂をくだりきったとき、雨はほとんど水平に降り、私のバイクは後ろからの風に押されていた。

こんなところで死んでたまるか、と目の前のガソリンスタンドに飛びこんだ。「エンジンオイル格安」の看板がバイクの横を飛んでいった。剥がれたスタンドの屋根がめったやたらな破壊音を立てていた。

「すみませーん。なかに入れてもらいまーす」とスタンドの事務所に飛びこんだ。ヘルメットを脱ぎ、水のしたたるカッパの上着を脱いでガラス越しに外を眺めた。街路樹がちぎれんばかりに揺さぶられていた。

色づき始めた稲穂の上を風がころがっていった。* 空気のかたまりがころがり駆けていくさまが恐ろしかった。

吹き返しも治まった2時すぎ、住宅街には台風一過の、祭りが終わったような興奮があった。

いつもはうつろな顔で「ああ、ごくろうさま」と顔を出すおばあちゃんたちが娘になったかのように腰を伸ばし、顔を輝かせて立ち話をしていた。

そしていつも人の気配がなく空き家だと思っていた家から、突然おばあちゃんが飛びだしてきて、「ねぇねぇ、向こうでは屋根まで飛んだそうよ」と興奮して教えてくれた。

台風はみんなを幸せにして去っていったような気がした。

もうその地区も終わりに近いところで、「検針でーす！」と声を張りあげ、ド

稲穂の上を風がころがっていった
いまではその田んぼは住宅地になってしまった。そこを通るたび、あのときの風のすさまじさを思いだす。

アの開いていた玄関口に驚いた。妙に明るい玄関に靴が散乱し、おまけに木の葉が吹き溜まっていた。家の中から奥さんが出てきて、

「見てください。屋根が飛んだんですよ」と言った。

えっ、と見上げると2階の屋根がすっぽりとなくなっていた。

家の中に台風一過の青空が広がっていた。

「や、屋根は、どこへ？」

「さきほど片づけてもらったんです。道路まで飛んだんです」

それにしてもいったいどんないかがわしい工事をすればこんなにきれいに屋根がとれるのだろう。

「ケガ人は？」

「みんな腰が抜けました」

ここまでの間にさまざまなものを見てきた。

街路樹が横倒しになり、その道路にはポリバケツやポリ袋のゴミが散乱し、自転車がひっくり返っていた。カボチャもころがっていた。

家の庭はもっとすごかった。軒先に置いてあったすべてのものがころがってい

た。本棚がころがり、ビール瓶がころがり、洗濯機がころがっていた。

鹿児島はこんなにも物にあふれていたのかと思えるほどさまざまな物がころがっていた。さらに小枝や葉っぱがあちらこちらに吹きだまり、にぎやかになり、世の中が新しくなったようだった。まさに祭りのあとだった。

でも家の屋根はさすがにころがっていなかった。

「漏電*はしていませんよね？」

奥さんは心配気に尋ねられた。

回転盤は静かに回っていた。

「いえ、この動きだと、していないと思います」

言ってしまってから、しまったと思った。

なんの根拠もない、いいかげんな答えだった。そんなことに答えられる立場*ではなかった。

「朝から気になっていたんですよ」

「ケガ人がなくてよかったですね」

私はヘルメットを押さえ、もう一度青空の広がった2階を見上げた。

漏電
この検査はテスターで行なう。電気メーターを目で見てわかるものではない。

答えられる立場
検針員はただ検針をしているだけ。電気についての特別な知識はない。まっして漏電を調査する機械もなく、尋ねられたところで正確な判断などできない。屋根が吹き飛んだ家を見て、正常な判断ができなくなっていた。

第2章

検針員と、さびしい人、さびしい犬

某月某日 話をしたくてたまらない：さびしい独居老人たち

「こんにちわー。前村さーん、起きているー」

冷水町(ひやみずちょう)*の急な坂をのぼっていった家で、私がいつも掛ける声である。

前村さんは83歳のおばあちゃんである。私の声に、ゴソゴソと音がし、「門は開いているわよ」と、小柄な前村さんが台所のドアから顔を出す。

「今日はおいでになる日だと思って開けておいたわよ」

「どうも」

「今朝はね、早く起きて、みかんの手入れをしていたのよ。今年はね、当たり年でね、見て、枝が折れそうなのよ」

「もう食べられるの」

「12月よ。もっと大きくなるから、枝が、ほら、こんなに曲がって、かわいそうなのよ。だから、つっかい棒をして、ここはヒモで引っぱってあげて、がんばれ、

冷水町
鹿児島県は水にちなんだ地名が多いかもしれない。2つ、3つあげると、出水（いずみ）市、川内（せんだい）市、湧水（ゆうすい）町、竜ケ水（りゅうがみず）などとある。竜ケ水では鹿児島県史に残る「8・6豪雨」のとき、土石流で15人が生き埋めになった。あまりに適切すぎる地名は先人の警鐘か。このとき鹿児島市内は水位1メートル以上浸水し、たくさんの車が船のように流された。

がんばれとやっているのよ」

「楽しみだね」

「ひとりじゃ食べきれないからね、いつも近所の人にあげるの。するとね、今年はまだですかって催促がくるのよ」

「そうか」

「これは父がね、甲突川（こうつき）*の木市で買ってきたのよ。ふつうのみかんと夏みかんが混じっているらしいの。だから、ほら、こんなに大きいのよ。甘みとすっぱみが混じっていてね、子どものころ父がほうびにくれるのが楽しみでね」

いつも聞いている話である。

前村さんはそれを初めて話すかのように小さな目をくりくりさせながら話してくれる。

前村さんはだれかと話がしたくてしたくてたまらないのだ。

「お父さんは、まだ生きておられるの」

「なに言っているのよ。私がこの歳よ、とっくの昔よ。だから初物はお墓に供えてあげるのよ。父がとても喜んでくれそうでね」

甲突川　鹿児島市の中心を流れる川。典型的な日本の川で長さが短く、氾濫しやすい。

「いいね」

「私が嫁に行くときも、これを食べていけって、採ってくれたのよ。私は水俣市（みなまたし）の材木問屋に嫁に行ったの。あっ、さきに仕事を済ましてしまいなさいよ。気になるんでしょう」

　私の体が半分電気メーターのほうに向いているのを見て、前村さんは言った。私は検針を済ませ、「安くしといたからね」と「お知らせ票」を渡した。

「そうか、前村さんも初めからおばあちゃんだったわけじゃないんだ。きゃぴきゃぴのギャルのときがあったんだ」

「なに言っているのよ。初めからおばあちゃんじゃないわよ」

　前村さんは早口にしゃべり、早口に笑った*。


　検針の仕事を始めて驚いたことのひとつが、独居老人の多さである。どの家にもさびしさがカビのように漂っている。

　伊集院町（いじゅういんちょう）桑畑の小池さんの家はすさまじかった。

　こんな家があり、こんな生き方があるのだろうかと思ってしまうほどすさまじ

早口に笑った
前村さんが「今度、施設のお手伝いをすることになったの。お茶出しをしたり、食事の片付けをするのよ。みんなと一緒に働けるのよ」と話されたことがあった。うれしそうだった。独りぼっちでさびしかったんだろうなと思った。彼女もいまはもう亡くなり、家は空き家になっている。

かった。戸も障子もなくなり、半分、土になった畳の上をニワトリが歩き回っていた。まさかそんなところに人が住んでいるとは思わなかったから、その薄暗い家の奥にゴソゴソと音がし、「だれ？」と女の声が聞こえたときは驚いた。

「けっ、検針です。で、電気メーターの……」と答えたもののどこから聞こえてきたかわからない声に電気メーターの指示数が読みとれなかった。

ニワトリがクワッ、クワッと鳴いた。

７２７２。

やっと読みとりハンディに入力した。

「お知らせ票」を印刷しながら、目のはしで家の暗がりを見た。

足の踏み場もないほどにたくさんのものがひっくり返っていた。汚れた衣服やみそラーメンのダンボール箱、鍋や茶碗が散乱し、骨だけになった障子があちらに一枚、こちらに一枚と倒れ、ニワトリが畳をつついていたのだった。

人の住むところというよりゴミ捨て場に屋根をかぶせたというものだった。その薄暗がりに布団が敷かれ裸の小池さんが寝ていた。

息を呑み、これが人生だろうか、と哲学的にならざるをえなかった。

「伝票はこちらに置いておきまーす」と声をあげ、足もとにころがった一升ビンにつまずかないように庭を出た。

5月の日差しがなんとさびしかったことか。

人間死んでしまえばみんな同じと思ってみても、私にはあんな生活はできそうにない。

次月も暑かった。

「小池さーん、検針でーす」

なんの返事もなかった。

近所は5、6軒あるが、もうとっくに村八分で、だれも小池さんには声もかけないのだろう。奇人、変人扱いにされ、挨拶はおろか顔を見合わせるのさえ避けられているのかもしれない。

「小池さーん、ここに置いておくよー」

「ああ」

眠っていたらしいうつろな声。

7月、「ありがとう」という声。

そして8月の暑い日、布団の上でごそごそとやっていた小池さんに「暑いねー、生きているー」と言うと、小池さんは体を起こし、痩せた裸の体を隠そうともせず、「生きているよー」と答え、ふたりで笑った*。

それ以来、「元気ー」と尋ねると、「生きたり、死んだりー」という声とともに笑い声が返ってくるようになった。

「伝票はここに置いておくよー」と私は答え、ゴミを一枚増やすだけだと思いながらも半分土になった縁側に「お知らせ票」を置くのだった。

某月某日　セクハラ：さびしさと恋愛感情

若い女性検針員にはセクハラ*の危険性があった。

毎月定期的に訪ねてくる若い女性に、独り住まいの男性はしだいに一方的な好意を抱き始める。話をしてみたい、そばに寄ってみたい、その手にさわってみたい。とくにお年寄りは人恋しさもあるので、そう思うのかもしれない。

ふたりで笑った
一度だけ小池さんに外で会ったことがあった。汚れたボロを着て、手押し車を押していた。私の顔を見るとうれしそうに挨拶をしてくれた。

セクハラ
「愛しているよ」と言っても、相手にその気持ちがなければセクハラになる。もしかすると気づかぬうちに私もその常習犯になっているかもしれない。

早川宏美さんは検針のたびに家の中からだれかが、じっーと見ているのを感じていた。カーテンの後ろの姿が男性であることはわかっていた。

ある日、その男性が家の中から出てきた。80歳近いかと思われたが、男性は手に菓子を持っており、断りきれずに礼を言ってそれをもらった。

菓子や缶ジュースなどをくれるお客さまはよくいる。夏場など汗ぐっしょりになっている検針員を見ると冷たい缶ジュースなどをあげたくなるのだと思う。立ち話をするようになると、家の前の畑でとれた野菜をくれたりする*こともあり、早川さんも菓子くらいならともらった。

そして次月、「お茶を飲んでいかんや」と誘われた。

菓子をもらった手前、断りきれずお茶もごちそうになってしまった。

「いつも、ごくろうさんね」

「はい」

「感心だなって見ておったのよ。仕事はたいへんじゃなかね」

早川さんは、お茶を出す老いた手が震えているのを見ていた。

「だいぶ稼っどが。天下のQ電力じゃもんね。不況はなかしね」

野菜をくれたりする
若い奥さんがらっきょうを洗っていたとき、「いいのが採れましたね」と言ったら、「あげますよ」と洗っていたのを全部くださった。生で食べたが、おいしかった。次月、郵便受けにお礼のお菓子を入れておいた。

「はい」

「タオル持ってこようか。汗をかいとっが」

「だ、だいじょうぶです」

お年寄りの独り住まい＊、新聞紙や空き缶が散乱した台所から取りだされた茶碗に口をつけるのがためらわれた。

次月もお茶を誘われ、やさしい彼女は断りきれなかった。

縁側に腰をかけお茶を飲んだ。

今日はお年寄りが無口だなと思ったそのとき、彼女は、はっと身をひいた。お年寄りが体を近づけてきたのだった。

歳をとるにつれ小さな子どもはたまらなくかわいくなる。老いた男性には小さな女の子は花のつぼみそのもののかわいらしさであり、若い女性は命のかたまりのように見えるのだろう。

だが、一方的な好意は犯罪になってしまう。

早川さんの報告を受けて、その検針地区は男性の担当に変更された。

お年寄りの独り住まい　正直散らかっている家が多い。「男やもめにウジが湧き、女やもめに花が咲く」などというが、女やもめも同じである。かくいう私も男やもめのひとりではあるが。

某月某日 **些細な喜び**：のべ2万個の数字の中で

検針員は1日、何個の数字を見ているのだろう。

ハンディの計器番号を見て、電気メーターの計器番号を見て、指示数を読みとり、ハンディに入力した指示数を確認し、再度電気メーターの指示数を見なければならない。

さらに「お知らせ票」に印字された指示数を見て、消費電力量を当月分と先月分、さらに1年前の同月分と比較しなければならない。1回の検針で3ケタから8ケタの数字を8回見なければならない。*300件の検針だとのべ2400回見なければならない。そして、それは最大のべ2万個近くの数字になるのだ。

その作業を最初から最後まで集中して、しかも瞬時に行なっているのだが、体調がよく、気力があり、視力が充実しているときはなんの苦もなくできる。犬がいたり、ヒステリックな奥さんがいたり、雨だったり、暑かったりすると意識が

8回見なければならない
ハンディに表示された計器番号を見て（1回）、メーターの計器番号を見る（2回）、指示数を読みとって入力し（3回）、画面に入力した指示数を確認する（4回）、ここで印刷のボタンを押し、「お知らせ票」に印字された計器番号を見て（5回）、再びメーターの計器番号を確認（6回）、再び「お知らせ票」の指示数を見て（7回）、メーターの指示数を確認（8回）という作業になる。

乱れてしまう。

　計器番号が「9419」、指示数が「9194」などとなると、あれっ、と手が止まってしまう。数字が似ているので混乱してしまうのだ。視線がさまよい、思考が止まり、小学1年生のようにひと数字、ひと数字、声に出して読まないと入力できなくなってしまう。

　指示数が「1000」とか、「2000」*とかとなると思わず、「おおっ」と声が出てしまう。意味がないのはわかっていても、なにかいいことに出くわしたような気がしてしまう。そして、「おおっ」と声を出したあと空しくなる。

　ところで検針をスムーズにやるには認識だけすればよい。ただ見て、入力し、そして忘れるのである。理解し判断する必要はない。いや、してはならない。さらに記憶に留めてはならないのである。数字に意味を見つけたり、なにかを感じたりしてはならないのであり、そうしたとき先のような混乱が生じ、手が止まり、ハンディへの入力が止まる。そして誤検針をやってしまうのだ。

　プロのキーパンチャー*は数字や原稿の文字をただ見ているだけである。

「1000」とか、「2000」
指示数にこんな数字を見たとき、うれしくなる。デジタル時計で同じ数字が並んだとき、「おっ」と思うのと同じである。平時なら「おっ」で終わりだが、忙しい検針中だと「おっ」のあとの空しさが身に染みる。

プロのキーパンチャー
プロのキーパンチャーは1秒間に4タッチ以上できる人だという。タッチの回数が多いほど優秀なキーパンチャー。20、30人のキーパンチャーが一斉に入力作業をしているさまは叩かれるキーボードの音が大雨の音のようで壮観である。誤入力チェックのため、同じ伝票をふたりがそれぞれに入力し照合する。検針もふたり一組で行なえば誤検針はゼロになるのに。

見たものをただ指の運動に変えているだけである。

検針員はまさに歩くキーパンチャーでなければならないのだ。

が、私には雑念が多すぎる。指示数を「1818（イヤイヤ）」と読んだり、「2323（兄さん、兄さん）」と読んだりしているのだ。邪心が多すぎる。

検針員としてはきっと適正がないのだろう。

某月某日　つながれっぱなしの犬：誰に似ている？

いつだったか、ある週刊誌が犬と飼い主はよく似ているという記事を掲載したことがあった。20人くらいの著名人、政治家、芸能人らがその飼い犬と一緒に写った写真を掲載していた。みんな犬とそっくりな顔をしていた。だれでも知っているある政治家は、その四角な顔が飼い犬のブルドッグとそっくりだった。

郡元町（こおりもと）の犬は発狂寸前だった。

一日中鳴いているのか、まだその家に行く前からその泣き声が聞こえてくる。

一畳もない檻にいれられ、どろどろに濁った水が置いてあり、驚いたことに水の器の横にはうず高く積もった糞で山ができていた。

私の気配に大型犬は鼻でクウゥと鳴いた*。

「ここから、出してください」と哀願していた。警戒心よりもさきに助けを求めて鳴いたのだった。

人間の声に似ていた。顔もとても人間的だった。強い臭気、もう何年間、檻に閉じこめられたままなのだろう。あと何年間、檻に閉じこめられたままなのだろう。

検針する私の背後で鳴く犬に、「よしよし、死んだほうが幸せだよな」と話しかけながら、私はある男性の検針員を思いだしていた。ときどき顔を見る検針員だったが、自信のなさそうな顔、笑うと自分を失ったような顔になる男性だった。日に焼けてはいたが、やさしすぎる顔をしていた。

下福元の小型犬は発狂していた。

ひとりでダンスをしていた。

大型犬は鼻でクウゥと鳴いた
県の動物愛護センターの担当者がニュースで「本県では動物虐待の事例は1件もありません」と話しているのを観た。なにを見ているのだろうか。叩いたり、蹴ったり、逆さ吊りにしたりすることだけが虐待ではない。

左にステップを踏んでは右に跳んで元に戻り、また左にステップを踏んでいた。ステップを踏む足がきちんと交差していた。とても奇妙で、犬が自然に行なう動作ではなかった。

その小型犬は私に見られていることなど、もうなんの関心もなく、自分の足下を見つめながら延々とそのダンスをくり返していた。

その小型犬の鎖はわずか1メートル。立つことと座ること以外ほとんど動くことのできない拘禁地獄である。その小型犬は前足のステップだけで運動をして、自分を取り戻そうとしていたのだろう。おぼろげに残っている自分を取り戻そうとしていたのだろう。

体は汚れ、腰骨は浮きあがり、爪は4、5センチも伸びていた。

小さな目はもうどこも見ていなかった。ただ自分のとんがった鼻先の空気を見ているだけだった。

私の姿を見て、隣のおじさんが話しかけてきた。

「子犬のときは、座敷で飼っていたんだよ」

「こんな姿を見て、なんとも思わないのですかね」

「ご主人は小学校の先生なんだよ」

話しながらおじさんも顔をしかめていた。

その小型犬は、私が出会ってから1年後に死んだ。


伊集院町の産廃処分場のゲートにつないであった大型犬は、ビールケースを2、3個置き、その上にトタンを載せただけの小屋にうずくまっていた。冬の霜の日も、雪の日も、雨の日も、大型犬はそこに丸まっていた。

私の気配によろよろと立ちあがり、「助けてください、助けてください」と泣いた。耳を塞ぎたくなるような声だった。私はただ、よしよし、と声をかけるだけだった。

夜、産廃処分場は無人になる。

でも大型犬はそこにつながれっぱなしだった。なぜひと思いに殺してやらないのだろうと思わずにはおれなかった。

犬は驚くほど人間に近い表情をする。* 飼い主に似るということではなくて、喜びや悲しみの表情が顔や体の動きにはっきりと現れるのだ。その大型犬は、見る

人間に近い表情をする
一説には犬と人間の何千年もの関係の中で、犬が人間のやり方を学習したと言われている。尾を揺らす、哀願するような顔、おねだりの顔など人間の子ども並みである。

者をそこに引きずりこまずにはおれない苦悩に満ちた顔をしていた。

私はバイク置き場の常連の西本さんを思いだしていた。

人あたりのやわらかい西本さんは私と同い年で、朝は新聞配達をし、奥さんは美容師をしている。大柄で無骨で僻地でもなんでも文句も言わず検針している人である。まさに検針員をやるために生まれてきたような人だった。

9月、その大型犬は死んでしまった。

産廃処分場の男が「け死(し)んだ」と教えてくれた。

某月某日 「この犬は咬みつきません」…テリトリーに侵入する不審者

「大丈夫ですよ。この犬はやさしいから、咬みつきませんから」

検針員はこんな言葉にだまされてはいけない。

それは飼い主の考えであり、犬の考えではない。

キャンキャンと吠えて足にまとわりつくポメラニアンやチワワはじゃれて遊ん

でいるのではない。テリトリーに侵入してきた不審者を追いだそうとしているのである。攻撃をかけようとすきを狙っているのである。うっかり飼い主の言葉を信じようものなら、小さな口でがぶりと咬みついてくる。手加減はない。

自分の身長の10倍はある巨人への必死の攻撃であり、小さな鋭い歯は中国製の安物の制服のズボンを貫いてくる。

「次郎ちゃん、花ちゃん、*なにを吠えるの。電気の検針の人よ。ほら、お仕事なんだから、邪魔をしないの。静かにするのよ」

犬にこんなふうに話しかける奥さんはキャンキャンと吠えたてる犬よりももっと質(たち)が悪い。要注意である。

紫原(むらさきばる)2丁目のその家の庭に放し飼いにされている2匹のチワワ。門を開けようとするとキャンキャンと吠え、ちょろちょろ走りまわり通せんぼをする。門のところで4、5回、「検針でーす」と声を張りあげ、奥さんが出てくるのを待つ。そして出てきた奥さんは「大丈夫ですから、なにもしませんから、入ってくださいい」と私に言いながら、「次郎ちゃん、花ちゃん」とやりだす。

もう、検針日はわかっているんだから、次郎ちゃんも花ちゃんも家の中にいれ

次郎ちゃん、花ちゃん
犬に人間の名前をつけている人は多い。「あの子は」などと言う。次郎ちゃんだろうが、クマだろうが犬は気にしない。そもそも犬は自分を犬だと思っていない。ただ走り回っているだけである。

ておいてくださいよ、と言いたくなる。

あるとき、奥さんがなかなか出てこなかった。洗濯、掃除と忙しいんだろうか。そんなことに構っておれるほど検針員は暇ではない。

おそるおそる門を開け、次郎ちゃん、花ちゃんがキャンキャンと吠えたてる庭に入った。

「次郎ちゃん、花ちゃん、ボクは検針のおじさんですよー」とやるわけにはいかない。かわりに「こらっ、このバカ」と腕を振りあげた。殴るつもりはない。脅かしただけである。そして一歩ずつ足を進めた。2匹の攻撃に一歩進むのに何分もかかりそうである。

まったく、このバカ次郎めが、バカ花めが*と思ったそのとき、玄関のドアが開き、「なにをするんですか?」。

「何もしていません」

「何もしなければ、うちの次郎ちゃんも花ちゃんもそんなに吠えません」

いつも吠えてるじゃないですか。

ここは一歩身を引く。この奥さん、Q電力に苦情の電話をしかねない。次郎

バカ次郎めが、バカ花めが

猫と異なり犬は飼い主次第で性格が決まる。ある家の大型犬2匹は庭に放し飼いだったが、検針に行くと喜んで駆けてきた。最初、咬み殺されると思った。が、表情がやわらかかった。私のまわりを飛びはねて歓迎してくれた。家から奥さんが飛びだしてきたが、これまた気立てのよさそうな女性だった。この奥さんなればこそと納得した。次郎ちゃん、花ちゃんを恨んでいるわけではない。

ちゃんと花ちゃんが奥さんのほうに走っていったすきに、さっと家の横に回り電気メーターの下に立ち、数字を読みとった。

玉里団地には大型犬に吠えたてられる家があった。

大型犬は電気メーターから離れたところにつないであったし、犬の騒々しさにたいていはご主人が出てこられるので心配はなかった。

あの日、犬が吠えなかった。ご主人も出てこなかった。

はて、と耳を澄ましたが、生き物の気配はなかった。

検針でーす、と声を低め、もう一度耳を澄ました。

なんの気配もなかった。

内側から施錠された門扉を開け、忍び足で電気メーターのほうに向かった。皮膚が鼓膜になっていた。息をひそめ、本能的に棒切れを探していた。

電気メーターまであと3歩。そのときである。背後にすさまじい動き。反射的に向きなおり、突進してきた灰色のものに私は大声をあげた。

おおーッ！

大型犬*は私の1歩前まで突進して来て、砂煙の中で止まっていた。そして吠えたてていた。

ワンワン、ワンワン！

私も吠えたてていた。

わんわん、わんわん！

なりふり構わない私の吠え声に犬はひるんだ。

私は威嚇の姿勢のまま、さきほど目にしたホウキを手にし、犬のほうに突きだした。ホウキを振りまわし、逃げ腰になった犬をにらみ、後ずさりした。

検針不能である。

こんな家に二度と来るか。

恐怖と怒りで感情がむちゃくちゃになっていた。

震える指でハンディに数字を入力した。

371。

電気使用量が前月と同じくらいになるように適当な数字を入力した。

次月、ご主人が出てこられた。

大型犬
何回か犬に咬まれたことがある。中型犬が家の中につないであった。「お知らせ票」を上がりがまちに置こうとしたとき、がぶりとやられた。引き綱が結構長かったのだ。私の悲鳴におばあさんが出てきて、こう言われた。「狂犬病の注射はしてありますから」

「心臓が止まりましたよ」

「出かけてしまってから、検針日だと気づいたんですけどね」

インチキをやらしてもらいました。見つかったらクビです。

「犬は背中を向けると襲いかかってきます。必ず前を向けてください*」

それは犬がいるとわかっているときでしょう。

ふと見るとご主人のたるんだ下唇が、あの犬に似ていた。

飼い主と犬はこんなところまで似るのかと思ったら、おかしくなり、私の戦意はしぼんでしまった。

某月某日　検針員の喜びと楽しみ：郵便受けのおもちゃのヘビ

7月になると、朝の6時にはもう日差しの強さがある。

今日は布団を干すのにいい日だなと思いながら、3リットルあまりの飲料水を準備する。真夏の検針のときは熱中症予防のためにジュース、スポーツドリンク、

必ず前を向けてください　肉食動物は獲物の急所である首筋を狙って攻撃する。あるいは牙や角のない背中やお尻を狙う。犬も同様だ。私の経験上、真正面から向きあい、目をにらむと、たいていの犬はたじろぐ。イケメンはにらみが効かないので犬の餌食になる確率が高い。

ペットボトルの水とまるで胃洗浄でもやるかのごとく水分を摂らなければならない。

それでも、小便はほとんど出ない。ちびるだけである。

その代わり汗はだらだらと流れ落ちる。

額から流れ落ち、首筋から流れ落ち、脇下から流れ落ちる。太ももから流れ落ち、上着もズボンもずぶ濡れとなり、塩を吹く。

そして検針したデータをQ電力に持ちこむころには衣服の中で濃縮された汗が発酵し、奇妙なニオイを放つことになる。

「夏の検針員*のそばには近寄らないほうがいいよ」と錦江サービス興業の山口かおるさんに言うと、「大丈夫ですよ」と笑ってくれる。

検針員同士でも近寄らないほうがいい。お互いのニオイが混じると鼻が曲がりそうになってしまう。

帰りにスーパーに立ち寄ったりすると身が縮んでしまうことになる。

濡れて重たくなった上着を脱ぎ、シャツも着替えてはいても奇妙なニオイは体に染みついたままである。スーパーのきれいな空気の中に、二番熟成に入った汗

夏の検針員
いまさらながら彼らの苦労が身に染みてわかる。炎天下で働いている郵便配達の人、宅配の人、交通誘導員、道路工事の人、草刈りの人とたくさんの人に頭が下がる。彼らに感謝するとき、社会はお互いに支え合っていることを実感する。

のニオイが、すぅーと放たれ、うかつにもそのニオイの流れに鼻を突っ込んでしまった奥さんは顔をしかめなければならない。

「ち、違います。仕事です。社会に貢献する仕事をしてきたんです」などと口ごもりながら、スーパーの売上げに影響しかねないと早々に出るしかないのである。

鹿児島の夏の暑さは地獄だ。

高温多湿に強烈な日差し。日なたに停めた車の屋根で卵焼きが作れるほどだ。その猛暑下、ハンディを片手に歩き回り、あるいはバイクで走り回るのは地獄だった。

１件検針して残りあと２９２件、１件検針して残りあと２９１件と、残りの件数だけを数え始めるのである。

私は保冷剤*を手放せない。背中に３００グラムのものを２個をくくりつける。バイクのときはヘルメットの中にも小さなものを入れる。それも２時間もたつと、とけた保冷剤は体温で温められて今度はカイロになってしまう。

そんなとき、家の中に聞こえる水の音は天国の水の音である。

台所や風呂場から聞こえてくる水の音の美しさ。

保冷剤
錦江サービス興業は、暑さ対策として首に巻きつけるものを紹介してくれた。事務所の中ならともかく、日照りの中では焼け石に水だった。私は独自にタオルで作った帯で大きなものを２個背中にくくりつけるようにした。これだと90分間は汗をかかずに検針できた。

喉がごくりとなってしまう。

ひと夏で体重が5キロ減ったという検針員がいた。明日はわが身かと身震いがした。Q電力に帰ると、みんな放心状態でテーブルのまわりで休んでいる。顔が上気し、なにを話しかけても言葉少なに答えるだけである。

そんな一日を終え、わが家に帰り、なにはともあれまず裸になったときの解放感。そして玉となってきらきらと輝く水を浴びるときの解放感。うっとりとなり、まさに極楽浄土の喜びである。

もうひとつ、ささやかな楽しみ*の話である。

玉里団地で、「お知らせ票」を投函しようとしたとき、郵便受けの上にヘビがいた。心臓が止まりそうになった。ひと息ついてよく見ると、おもちゃのヘビだった。子どものいたずらだった。

心臓麻痺で死んだらどうするのだ、と腹立たしい気持ちで「お知らせ票」を投函し、バイクに戻ろうとしたとき、待てと立ちどまった。

おもしろいことをしてやろう。

ささやかな楽しみ 美人の奥さんとか、美人の娘さんのいる家の検針も楽しみのひとつである。私も男だから仕方がない。今日はおられるかなと期待して、「検針でーす」とやる。

玄関先に戻り、おもちゃのヘビを郵便受けの中の「お知らせ票」の上に置いた。郵便受けに手を差し入れた奥さんが、ふにゃっとした手触りに悲鳴をあげるに違いない。ご主人かもしれない。いや、もしかするとおもちゃの持ち主の子どもかもしれない。

親が見つけたら子どもは怒られるだろう。ボクじゃないと泣いても信じてもらえない。まさか検針員がなどとはだれも思わないだろう。私も悪い人間だと思う。でもこんな楽しみでもないと検針員はやっておれないのだ。

某月某日　手抜きの誘惑：邪心にとり憑かれて

検針員だってサボりたくなる。

廃止の電気メーター*とか、契約は生きていても使用量は毎月ゼロが続くメーターがあると、今月もゼロだろうと思いたくなる。とくに検針に手間取るところの場合はそうである。

廃止の電気メーター
引っ越しなどで契約者のいなくなった電気メーターは「廃止」となる。それでもしばらくは電気が使用できる状態。使用量ゼロが一定期間続いたとき、結線を切断し、完全に使用不可となる。切断するまでの間、検針は必要。このとき検針員の稼ぎは通常の1／2。労力は同じ。だから、すっぽかしたくなる。

あるとき、ついにその邪心にとり憑かれてしまった。

国道3号線から逸れて、もともと畦道だった草薮の道を300メートルあまりバイクで走った空き屋の検針だった。草深くなった庭に、私の足跡だけがついていた。春先にはうぐいすの鳴き声がすぐそばに聞こえるのどかさがあるところだった。

6月になると、畦道を走るバイクに生い茂った草がからむようになり、そして道はぬかるみ始めた。ころんだら悲惨なことになるのは明らかであり、バイクのスピードを落とさず突っ走らなければならなかった。

8月の大雨のあとで、驚いてしまった。私がバイクで走っていた畦道がスパッと消えていたのだった。大きな山が座っていた。* 上の雑木林がそのまま落ちてきて、道をふさいでいたのだった。検針しようとしたが、生い茂る雑木林に阻まれた。やむをえない。携帯で写真を撮り、「検針不能」の処理をした。

会社に立ち寄ったとき、島津宏美さんに携帯の写真を見せると、さすがに驚いていた。

「これは山じゃないですか。どこかほかの山の写真ですか」

大きな山が座っていた
本当に座っていたのだった。もともと山を切り崩して造った道だったので、残った山の一角が簡単に滑り落ちたと思われる。雑木林田んぼ道が消え、雑木林になっていた。

「疑うの。ここを見て、ほら、道があいがね」

「ほんとだ。なんかすごいッ」

バイクのタイヤの跡が雑木林の下に消えていた。

「バイクごと埋もれなくてよかったですね」

「島津さん、恐いこと言うね」

「錦江サービス興業は助けてくれませんよ」

9月、山は片づけられていた。そして再び検針が始まった。使用量ゼロ。

10月、使用量ゼロ。

11月、今月もゼロだろうと思うと、ふと邪心が湧き起こった。

あんな畦道に入りたくない。1回くらいいいやと検針することなく「使用量ゼロ」の処理をした。20円儲けた。* たまにはこんなこともいいか、と次の家に向かった。

その後、5件、6件検針し、しだいにその現場から遠ざかっていった。

離れていくにつれ、迷いが出てきた。

万が一、電気メーターが回っていたら。万が一、撤去されていたら。

20円儲けた
廃止の電気メーターの検針料は通常の1／2。当時、検針料は1件40円。だから検針をすっぽかすと20円の儲け。それにしても、電気の使用がゼロだからって、検針員の手数料が1／2というのはおかしくないですか？

そんなことを考えると検針に集中できなくなった。やはり私はまじめな人間かもしれない。戻ろう、検針をしておこうと思い、引き返した。

いつものように畦道を突っ走り、庭の獣道(けものみち)をたどって電気メーターの下に立った。

あっ。

電気メーターは撤去されていた。

口を開けて電気メーターのなくなった壁と、ビニールテープでぐるぐる巻きにされた引きこみ線を見つめた。5分くらい見ていた。

こんなこともあるのかと胸をなでおろし、引き返させてくれた神さま仏さまに感謝した。そして、さきほどの「使用量ゼロ」の処理を「計器なし」に訂正した。*

「計器なし」に訂正した 廃止後、一定期間をすぎた電気メーターは撤去されてしまう。これが「計器なし」である。ハンディに「計器なし」のボタンがあるので、検針員はそれを押す。以後、検針の必要はなくなる。

某月某日 子どもたち：無邪気さの魔法

夏の朝だった。

ランドセルを背負った女の子と男の子が歩いてきた。

3年生と2年生くらいだろうか、そばに来たとき女の子がニコニコして私を見た。なんという無邪気さだろう。私はその魔法に負けてしまった。私もニコニコして、「暑いね」と言葉をかけた。すると女の子がうれしそうな顔をした。

「涼しいよ。だってね、これを持っているんだもん」

女の子は小さな手を開いて見せてくれた。

その手の中には使い捨ての保冷剤が握られていた。

「ああ、いいね」

「おかあさんが冷やしてくれたの」

「やさしいおかあさん*だね」

小さな手のかわいらしさに、お母さんと女の子のやりとりが目に見えるようだった。

「弟も持っているよ」

「ああ、君も持っているのか」

うん、とうなずいた弟も手を開いて見せてくれた。

やさしいおかあさん
親がやさしいと子どもは素直に育つ。厳しすぎたり、夫婦仲が悪いと子どもの気持ちはゆがんでしまうが、皮肉なことに芸術家はそうした環境から出てくることが多い気がする。川端康成は幼少時代に両親を失い、母への思いが作品になっている。

小さな保冷剤は学校につく前にとけてしまうのだろう。でもふたりはそれを持っていることがとてもうれしそうだった。

「今日はしっかり勉強できるね」

「うん」

ふたりはうれしそうに歩いていった。

私は犬に弱いが、子どもにも弱いのである。

あのかわいらしさはなんだろうか。そして、この検針のおじさんになんのためらいもなく話しかけてくれた無邪気さ。幸せになるんだよ、と思わずにはおれなかった。

冷水町の裏通り*で、小さな男の子が道ばたに立っていた。

まわりには男の子以外だれもいなかった。大丈夫かなと心配になった。私はあちらの家、こちらの家と検針をしながら、男の子を見ていた。男の子も私を見ていた。

坂を下りていったとき、声をかけた。

冷水町の裏通り
山の急な斜面にできた住宅地で、人ひとり通れるような石段まじりの坂道しかない。私でもヘトヘトでのぼっていた。お年寄りにはたいへんだと思う。錦江湾、そして桜島が目の前に見えるが、のぼりのときは慰めにはならない。

「おはよう」

男の子は黙っていた。

私の表情が固かったのだ。にっこり笑って「ひとりなの？」と続けた。

「うん」

そう応えた顔が子どもらしくなった。

「おかあさんを待っているの？」

「バシュ」

「バスを待っているのか。幼稚園？」

「あのね、保育園」

私には保育園と幼稚園の区別がつかない。私が子どものとき保育園などというものはなかったと思う。だから男の子の口から保育園という語が出てきたとき、男の子がとても賢いように思えてしまった。

「そうか、保育園か」

「うん」

「みんながいるから楽しいね」

「うん」

だれかが見れば、人さらいに見られたかもしれない。

私は石段を降りて道路の下の家の検針を始めた。何件目かを検針しているとき、お母さんがやってきた。

男の子はすぐにお母さんのスカートを掴まえ、首を曲げてお母さんを見上げた。そしてお母さんの手にぶらさがった。私もあんなふうに母にすがりついたことがあったんだろうなと思った。男の子はお母さんの顔を見上げたり、私のほうを見たりしていた。私は手を振った。

男の子がなにか言っていた。お母さんは男の子の重みに耐えながら、うん、うん、と聞いていた。子どもって首の骨が折れるくらいいつも顔を上に向けるんだなと思った。あの目線で世の中を見るんだもの、世の中は驚きでいっぱいだろうな、すばらしいことでいっぱいだろうなと思った。

庭先で遊んでいる5、6人の子どもたちを見て、ああ、夏休みかと思う。

5、6歳くらいを頭にした小さな子どもたちなので、寄り添いながらも、みんな勝手に遊んでいる。

子どもたちといえども、挨拶をしないわけにはいかないから、「検針だよー」とやる。片手に妙な機械を持ち、腰にも妙な機械をくくりつけ、そして冴えない制服に汗だらだらのおじさんの出現に、子どもたちの視線がいっせいに向けられる。遊びの手が止まり、勝手に庭に入ってきたおじさんはいい人なのか、悪い人なのか見極めようとする。

「電気の検針だよー」

もう1回声をかけ、電気メーターの下に立った。

ひとりの男の子が、「おかあさーん」と前庭のほうに駆けていった。

「電線を調べるんだってー！」

疑われている。

まぁ、仕方ないか。

新築の家が建ちならぶ一角であり、大半が時間帯別昼夜間メーターを使っている。デイ、リビング、ナイトなどとわけのわからないカタカナ文字の3種類の指示数を見なければならない。確認のため2回見なければならず、指示数だけでのべ6回見ることになり早くても4分はかかる。その間、子どもたちの疑わしげな好奇の目にさらされる。難しそうな顔をしてハンディに指示数を入力するのを見せてやるかと目を凝らす。

「はい、これをおかあさんに渡して」

前庭から戻ってきた男の子に印刷された「お知らせ票」と電気料金値上げのチラシ*を渡した。

男の子は「おかあさーん、これーっ」とまた前庭に駆けていった。

そんなやりとりの間に女の子のひとりがいなくなってしまった。

どうも遊びの邪魔をしてしまったらしいと反省しながら、次の家に向かった。

そして3、4軒目の家の庭先にさっきの女の子がいた。

女の子は庭の丸太に座って私を見ていた。警戒されているらしいと身が細ったが、「この家だったの」と笑顔で声をかけて電気メーターの下に立った。そして印刷された「お知らせ票」を玄関横の郵便受けに入れようとしたそのとき、ふっと気づいた。近づいてきた女の子が私の手元を見ていたのだった。

ああ、そうかと思った。

電気料金値上げのチラシ　電気料金の改定は国の承認のもとに行なわれる。原油が値上がりしたとか、円安になったとか、理由はいくらでもある。それをお客さまにお知らせするためのチラシ。検針員が1枚1円の手数料で「お知らせ票」と一緒に配布していた。

「おかあさんはいる」

「うん、いるよ」

「じゃ、これをおかあさんに渡して」

「うん」

女の子は「お知らせ票」と電気料金値上げのチラシを小さな手に握ると、「おかあさーん」と、家の中に駆けこんでいった。

某月某日　外資系企業から検針員へ…どうして検針員になったか

東京の、ある外資系企業で働いていた私がサラリーマンとしての道を踏み外したのは、物書きになりたいと思っていたからだった。高校生のころから短編小説を書き、会社勤めの合間にも少しずつ書いていた。

しかし、会社勤めをしながら書くことは、私にはできなかった。激務のあいまに訪れるひらめきに、このまま人生を終わるのだろうかといつも考えていた。

そしてバブルが崩壊し、リストラとかアウトソーシング*という言葉が流行語になったころ、会社で希望退職が募られた。

劇的な動きをする外資での仕事は楽しかったが、次々にひらめいては消えていく自分の考えを書きとめられない、表現する機会がないという思いはつらいものがあった。貯金と割増し退職金で生活はできると計算し、希望退職に応募した。40代半ばだった。

希望退職届けの受付が始まった日、書類を胸ポケットに隠すように入れて16階の人事部に向かった。エレベーターの中がさびしかった。6階で顧客サービス部の上原さんが乗ってきた。彼は7階のボタンを押しながら、「おや、16階ですか」と言った。

「ええ、まぁ」

7階で彼が「どうも」と言って降りていき、ふたたび独りになった。

あの孤独感。エレベーターの白い壁が迫ってくるようだった。そのままそこに閉じ込められるような気がした。

そして退職願いを人事部に渡したとき、目の前が真っ白になった。

リストラとかアウトソーシング
リストラは「restructuring（再構築）」だが、実質は「クビ切り」。アウトソーシングは「外部委託」。1990年半ば、マスコミは口を開けばこれらのカタカナ語を使っていた。「クビ切り」「外部委託」で伝わるのに。

もう会社に行く必要はない、もう満員電車に乗る必要もない、私は自由だ、たくさん本を読もう、たくさん小説を書こうと畳の上にひっくり返って手足を伸ばしたのは最初の1週間だった。その数カ月後、一緒に生活していた女性を失った。

渋川はずえは私の会社が大型の電話システム*を導入したときトレーナーとして出入りしており、そのとき知りあったのだった。

東京の大泉学園育ちで、鹿児島の山奥育ちの私にはないものを持っていた。物事をすばやく見て、すばやく反応する機転のよさがあった。私はゆっくりと見て、慎重に考えるほうだったので、彼女の都会的な歯切れのよさに惹かれた。

はずえはいずれは老いた両親の面倒を見なければならなかったのだ。そんな彼女を40歳になろうとする年齢まで、私が引きとめていたのは申し訳ないことだった。

「私だってさびしいんだからね。だからときどきは会うようにしようよ」と言って彼女は去っていった。

家賃は一気に2倍になった。光熱費やすべての生活費をひとりで支払わなければならなかった。失業保険の支給が終わると貯金の残高は目に見えて減っていっ

大型の電話システム
アメリカRolm社の交換機システム。コンピュータ化された交換機で、電話の送受信だけでなく、通信状況を分析する機能がある。1日に何本着信し、だれが対応し、何分で終了させたとか、だれがどこに電話をし、何分話していたかなどのレポートが出る。残業時、1時間以上にわたって彼女に電話をしていた社員がいた。一発でバレた。

た。

はずえの家具のなくなった部屋の広さがとてもさびしかった。言い知れぬ孤独にとり憑かれるようになった。目覚めてもひとり。書き疲れてもひとり。俳人・尾崎放哉（ほうさい）の「せきをしてもひとり」という句が心に染みた。

ある文学賞に応募することを決心し、原稿用紙250枚を書かなければならなかったが、さびしければさびしいほど小説は書き進めることができた。*

一方で近所の目が恐くなった。昼間は窓を閉め切るようになった。

1階の奥さんの声が「居るはずなのにね」と聞こえた。

7、8年間帰省していなかった鹿児島がなつかしくなった。スーパーの野菜売り場で、鹿児島県産のジャガイモを見たとき、それについた泥を見たとき、涙が出た。退職してから5年がたっていた。学生のときから30年あまりをすごした東京を後にした。

そのころ夫を亡くし独り住まいになっていた鹿児島市西陵（せいりょう）の姉の家にころがりこんだ。

仕事のあてのない私が来ることに、姉は戸惑った。が、夫を亡くしたショック

小説は書き進めることができた
この文学賞では3次選考で落ちた。その後もいくつかの文学賞に応募し、最終選考にまで残ったものもあるが、賞を獲るには至らなかった。

でノイローゼ気味になっていた姉は承諾してくれた。姉は、昼間は精神安定剤を、夜は睡眠薬を服用*していた。体から薬が抜ける間もなかったので一日中ぼんやりとすごすようになっていた。そして「私の人生って」と泣き言を言うようになっており、近くに住む娘たちの足は遠のいていた。

姉の家に住んで数カ月もすると、なんの仕事もせずに家にいる私にいらだちを向けるようになっていた。

「なにをしておんのね、なんか仕事をせんね」と言われた。

家賃を支払い、生活費も半分は支払っていたが、夫を失った悲しみは私へのいらだちへと変わっていたのだった。

節約のために寒いときは部屋の中でも厚着をし、暑いときは裸で扇風機ですごすようにしていた。食料はスーパーで割引きシールのついたものを買うようにしていた。そうした習慣がすっかり身についてはいたが、私の貯金は確実に毎月12万円ずつ減っていった。

いまさらきちんと就職する気持ちにもなれなかった。年齢的にもできそうになかった。

昼間は精神安定剤を、夜は睡眠薬を服用
お年寄りの薬づけは驚くようなものがある。10種類以上は当たり前。ある薬を服用し、その副作用を抑えるために別の薬を、さらにその副作用を……という悪循環。専門家は5種類以下にすべきと言っている。お碗いっぱいの薬を食べても腹の足しにはならない。製薬会社の腹の足しになるだけである。

インターネットでハローワークのアルバイト情報を検索し始めた。

人間関係に煩わされず、時間が自由に使えて、お金が稼げる仕事などなかった。外資で働いていたというプライドも邪魔をしていたのかもしれない。

そんなとき東京で文学教室*を受講していたときのことを思いだした。同じ教室の男性が電気メーター検針の仕事をやっていると話してくれたことがあった。彼は月15日ほど働き、25万円くらい稼いでいると言っていた。

「だいたい3時すぎに終わるんです。日によってはお昼すぎに終わることもあるんですよ。自由な時間が結構あるんですよ」と言っていた。

鹿児島のハローワークの情報には電気の検針員の募集はなかった。思いきってQ電力に電話をしてみた。そして錦江サービス興業を教えてもらったのだった。

月に10日働き、最低限の生活費を稼ぎ、あとの20日は自分の時間にしようと考えた。そのとき、私は50歳だった。

以後10年にもおよぶ電気メーター検針員生活はこうして始まった。

文学教室
東京新宿の朝日カルチャーセンターで、文芸評論家・秋山駿の教室に参加。いつも缶ビールを飲みながら講義をしていた。熱烈な受講生の差し入れ。言葉少ない論評が核心を突いていた。講義のあとで必ず喫茶店に行き、さらに2時間あまり文学談義をした。親分肌の人で飲み会なども喜んで参加してくれた。著名な文芸評論家とともにすごすことは文壇に一歩近づいた錯覚があった。

第3章

誤検針、ホントに私が悪いの？

某月某日 最悪を覚悟せよ：誤検針の恐怖

3月、度肝を抜かしてしまった。8世帯入っているアパートの2階部分で、隣あった部屋がいずれもとんでもない使用量になっていた。

1件目、64kwhのマイナス使用量。

「うわー」

ハンディの警告音に腰を抜かした。

いくらQ電力の電気メーターが不良品でも、こんなに派手に逆回転するわけはない。2月時、誤検針をやり、余分に請求してしまったのだろうか。それにしてもマイナス量がはんぱでない。誤検針だとしたら、とんだ間違いをしたことになる。

ごまかせるか……。

いや、ごまかせない。マイナス量が大きすぎる。

さきに残り2件を済ませてしまおうと、隣の電気メーターの下に立った。ひっくり返ってしまった。

使用量過大の警告音*が鳴った。使用量１２０３ｋｗｈ。

「な、なにっ」

若い夫婦ふたりで春先の使用量はせいぜい３００ｋｗｈ。１２０３ｋｗｈは明らかに多すぎる。

いくら私でもこんな間違いをするはずがない。もしかするとＱ電力のコンピュータが狂ったのだろうか。それもないだろう。

でも、私が2件も続けてこんなとんでもない間違いをするだろうか。先月どんな指示数を入力すれば使用量過大１２０３ｋｗｈになるだろうか。計算ができなかった。

先月どんな指示数を入力すればマイナス64ｋｗｈになるだろうか。ため息をつき、ふたつの電気メーターの下を行ったり来たりした。それぞれの指示数を何回入力しても警告音が鳴った。

「心配事から解放されるためには最悪を覚悟せよ」

使用量過大の警告音
電気の使用量がいつもより多いとき、少ないとき、あるいはなんらかの誤入力をしたとき、ハンディのブザーが鳴る。再確認を促すもの。ハンディにはその家の過去の使用量が入っており、それと比較して多い少ないを判断している。検針員の心臓に悪い音。

デール・カーネギー先生が書いていた言葉である。

ここで最悪とはなんだろうか。

検針員をクビになることではないか。そう考えることができたとき、1件40円、月10万円足らずの仕事を失うだけではないか。そう考えることができたとき、胸のつかえが引いていった。携帯電話を取りだし、Q電力に電話をした。

「どうしたの?」

「申し訳ありません。2件ほど誤検針をやってしまいました」

その声は収納課きっての無愛想な野呂さんである。

「1件目、マイナス使用量*なんです」

「計器番号を言って」

「33、9292」

カタカタとキーボードの音が聞こえてきた。

「吉野町の佐藤さん宅ね」

「はい」

「ちょっと待って」

マイナス使用量
これには検針員が震えあがる。前月、1000kwh余分に請求。が、当月は600kwhしか使用がなかった。すると400kwh分のマイナス使用量になってしまう。警告音が鳴る。極まれに電気メーターの逆回転によってマイナス使用量となることもある。

またキーボードを叩く音が聞こえた。

「指示数はいくら？」

私の応答に「なるほど」とのんきな声。

「これは再使用*じゃないの？」

「えっ⁉」

「再使用で、お客さまの申告間違い*ね。指示数をそのまま入力してくれる」

力が抜けていった。

最悪を覚悟し落ち着いていたつもりが、本当は緊張の高みにあったのだ。

その緊張が、すぅーと引いていった。ハンディの画面の右上に「再・込」の２文字*があった。再使用で支払いは振り込みということらしいが、そんなことは教えてもらっていなかった。

野呂さんの声が神さまの声のように聞こえた。

「もう１件は？」

「３１３１、９３、です」

またキーボードの音がカタカタと聞こえた。

再使用
「廃止」の電気メーターの使用を再開すること。「復帰」との区別は私にはわからない。

お客さまの申告間違い
前の人が引っ越し、新しい人が入居したとき、入居者自身が指示数を申告する。このときの入力に間違いがあったものと思われる。

「再・込」の2文字
「再使用」で、料金は「振り込み」という意味。それにしても検針員がお客さまの支払い方法を知る必要があるのだろうか。

「使用量１２０３ｋｗｈか。たしかに多いね。使用量過大*か。うーん、これは、そんだけ使ったんじゃないの」

「えっ」

「そうだと思うよ。指示数をそのまま入力してくれる。事故票*が出るので、それで報告してくれる」

「そ、それでいいんですか」

「いま、いいと言ったじゃない。このお宅、ときどき使っているんだよ」

電話を切り、膝を抱えるようにしゃがみ込んだ。

横柄な話し方。なぜ私がこんなめに合わなければならないのだ。

正直、なにが起こったのか私にはわからなかった。ただ私が誤検針をやったのでないことだけは確かだった。

電話代は６００円はかかったはずだ。15、16件分の検針手数料であり、２日分のお昼の弁当代ではないか。

検針員の時間とお金は使い放題なのだろうか。

使用量過大
電気の使用量がいつもより異常に多いもの。ハンディの中には各家の過去の使用量が入っており、それと比較してハンディが判断する。前月５００ｋｗｈだったのが、今月１０００ｋｗｈになっていたら警告音が鳴る。「再確認せよ」と命令する。

事故票
「使用量過大」「使用量過少」、あるいは「マイナス使用量」などなんらかの異常のとき、Ｑ電力のコンピュータより「事故票」が出力される。それに基づいて原因を調査する。使用量過大は実際それだけ使われたかもしれない。使用量過少は旅行などで留守にされたのかもしれない。原因はお客さまに問い合わせて初めてわかる。

某月某日　覗きの権利：カギは郵便受けの中

検針を始めて驚いたことのひとつが「検針でーす」の挨拶で、他人の家の敷地に堂々と入っていけることである。泥棒がうらやむ＊ことこの上なしの魔法の言葉である。紋所（もんどころ）ならぬ「この声が聞こえぬか」といったところである。

最初は失敗もした。門のところで張りきって大声をあげた。しかし家の中の人には聞こえなかった。門が家から離れすぎていたのだった。

私は挨拶をしたのだからと、ためらいもなく家の裏手に向かった。玉砂利が気持ちのいい音を立てた。

と、そのとき家の中から女性が飛びだしてきた。

「なんですか⁉」

「電気の検針です」

「声くらいかけてくださいよ。びっくりするじゃないですか」

泥棒がうらやむ　見えてしまうのである。検針は担当地区をしらみつぶしにする仕事。しかも電気メーターは家の裏手とかにある。いろんなものが見えてしまうし、不在もわかる。

「門のところで挨拶はしたのですが*……」

それ以後、門のところで特別大声を張りあげることはやめた。ふつうの声で挨拶し、家まわりで何回かに分けて「検針でーす」と言うことにした。それに1日200軒も大声を張りあげていたら疲れてしまう。

バイクのときはちょっと違ってくる。

家の人はバイクの音でだれかが来たことはわかっているので、バイクを降りたあと、玄関口あたりで、ひと声「検針でーす」と挨拶する。

戸惑うのは郵便配達が来たと思われることである。

ご主人が家から飛びだしてきて、「なんだ、郵便じゃないのか」と言われる。その顔を見ると、こちらもがっかりしてしまう。

検針員はいろんなものを見てしまう。

農家の庭先にトウガラシが干してあった。真っ赤なトウガラシがザルにきれいに並んでいた。あまりの美しさに立ちどまり、しばらく眺めていた。

家の床下でヘビの死骸も見た。干物になりかけていたが、1匹のヘビがもう1

挨拶はしたのですが
「検針員が挨拶をしないで入ってきた」という苦情の電話が入ることがある。こうした苦情電話は検針員会議で報告される。

匹のヘビを丸呑みしようとし、途中で呑みこめなくなり、相討ちで2匹が死んでいたのだった。*

人の生活もまる見えになる。

カーテンが開いていると部屋の中が見えてしまう。タンスがあったり、ハンガーに衣服がかけてあるのが見える。子どものおもちゃが散らばっているのが見える。干してある洗濯物を見れば家族の構成もわかる。家族の生活がそのままに見えてしまう。

家の裏手にはいろんなものが落ちている。

500円玉が落ちていたこともあった。長いあいだ落ちたままだったのか、半分泥に埋もれていた。

弁当を買ってもお釣りがくるお金だ。毎月検針のたびにその500円玉を見ていると、ちょっと不安になってきた。それを自分のポケットに入れてしまいそうな気がするのだ。

そんな迷いを振り払うように、あるとき500円玉を拾いあげメモをつけて郵便受けに入れた。

相討ちで2匹が死んでいた
共食いの現場は衝撃的だった。もう干物になりかけていたので大丈夫だったが、その瞬間を目撃していたら後ずさりしただろう。

いちばん警戒させられるのは家のカギが郵便受けに入っていることである。

マンションなどのセキュリティが厳しくなっているこの時代に、一方では家のカギが郵便受けの中に入っている。のんびりしたものがまだ残っているのかとうれしくもあったが不用心すぎる。

検針員は「お知らせ票」がきちんと投函されたかどうか、郵便受けの中を覗いている。*裏蓋が開いていて「お知らせ票」がするりと庭に落ちたりすれば投函し直しになるし、それが風で飛んでいこうものなら苦情の電話が入ることになるので気をつかい確認するのだ。

だから「お知らせ票」がハラリと入っていった先に光るものがあるのを見てしまうのだ。

家のカギがそこにあるということは留守だということでもある。

私は良識的な市民であり、そんなことは絶対にしないと思ってみても、人の心は弱いものだと思う。会社を辞めて、社会との接触がなくなり、一緒に暮らしていた女性も失い、孤独のどん底に落ちたとき、そう感じた。

当時、さびしさのあまりガンマGTP*は170まであがり、血圧は200近く

郵便受けの中を覗いている
前から投函し、後ろから取り出す式の郵便受けが問題。「お知らせ票」はペラペラの紙なので、裏蓋が閉まっていないとヒラリと落ちてしまう。覗きたくて覗くのではない。でも家の人が見たら「なにしてんのよ」と言われかねない。

ガンマGTP
酒の飲みすぎで肝臓が悪

までがるようになり、気持ちは乱れに乱れ、夜の徘徊をするようになった。

テレビから無職とか引きこもりという言葉が聞こえてくると恐くなった。多くの犯罪がそれらの語に結びついていたからだ。自分がいつそちら側に転落するかわからない不安があったからだ。

郵便受けの中にカギを見たとき、私はあのころの気持ちを思いだしてしまうのだった。

くなるとこの数値が悪化する。適切な数値は50以下。１００以上で注意が必要で、１７０もあるとぐったりとなっている。このときの私にはさわやかな目覚めたとき、体がぐっ目覚めなどなかった。

某月某日　道の真ん中の××：鹿児島の動物たち

東市来の山の斜面をバイクでのぼっているとき、小道になにやらのかたまり。うん、これは嫌なものが落ちている。まぁ、よくもどデカいものを道の真ん中に。しかもそのかたまりの真ん中に緑色の小さな人形のようなものが置いてあった。

子どものいたずらか、と走り抜け、心臓が止まった。

かたまりの真ん中が動いたのだ。どデカいかたまりと思ったものは青大将のとぐろだった。「糞(ふん)か踏まんか今日の運だめし」などとやっていたらと思うと卒倒しそうになった。

それにしてもあの緑色の小物はなんだろう。ミニチュアのおもちゃのように見えた。が、青大将がそんなものに関心があるはずがない。

坂の上の家で2件の検針を済ませ、さきの道を戻った。

青大将はまだいた。大きな円錐形のとぐろがそのままにあった。太い胴体がなにかを締めつけるときのように静かに動いていた。

はっ、とした。

とぐろの真ん中のものは雨ガエルだった。

青大将の口に頭を突っ込み、それ以上呑みこまれないように小さな前足で踏んばっている雨ガエルだった。

恐さと怒りが入り混じった。

妙な正義感*を感じてしまった。

自然の営みとわかっていても助けてやりたい。

妙な正義感
人間はいろんな動物の肉を食べているくせに、青大将がカエルを食べるのを許すことができないのはどういうわけか。虐(しいた)げられていると、同じ境遇の者に同情してしまうということだろうか。

検針員もこの雨ガエルみたいなものだ。助けてやろう。

私の気配に青大将の鎌首がもたげられた。空中で雨ガエルの後ろ足が揺れた。青大将の小さな目の光り。その不気味さに一歩下がった。雨ガエルは青大将の口の中でなにを見ているのだろう。

小石を投げつけた。ボソッと音がした。青大将は雨ガエルをくわえたまま私をにらみつけてきた。その眼光の鋭さ。さらに一歩下がった。

青大将の口が動いた。雨ガエルを手っ取り早く呑みこんでしまおう＊ということか。

雨ガエル、がんばれ、がんばれ、と小石を立て続けに投げた。アゴを外している青大将の口がじわじわと開いていく。雨ガエルが少しずつ呑みこまれていく。畑にあった竹の棒を抜きとり、ここで負けてはならぬとばかりに青大将を叩いた。

鎌首が空（くう）に立ちあがり、キィー、キーッと鳴いた。

この野郎ッ、とばかりに青大将の太い胴を叩いた。生々しい手応え。雨ガエルは地に落ち、青大将はとぐろを解き始めた。うごめくとぐろの不気味さ。

手っ取り早く呑みこんでしまおう
ヘビはアゴを外していろんなものを丸呑みする。NHKのニュースでハブがウサギを丸呑みする映像を観たことがあった。カラスがヘビをぶら下げて飛んでいるのを実際に目にしたことがある。

青大将は流れのような動きでアスファルトの上を逃げ、石垣の隙間に潜りこんでいった。

雨ガエルはさきほど落ちたままの姿勢で伸びていた。足先の小さな球だけが震えていた。

「地獄を覗いたんだものな、恐かったよな」と棒でつついたが動かなかった。緑色の肌に傷はなかった。ひっくり返した白い腹にも傷はなかった。

それにしてもかわいらしい、おいしそうな体をしているとまじまじと見てしまった。ぷっくらとしたお腹にまるまるとした手足。青大将ならずとも食べたくなるよと、またひっくり返した。

母が言っていた*。

「一度、ヘビににらまれたら、カエルは逃れられんとよ」

あの眼光に私が震えあがったのだ。雨ガエルの意識は即天国だったのかもしれない。あのまま呑みこまれても恐怖も痛みもなかったのかもしれない。もしかしたら、私は余計なことをしたのかもしれない。

「奴は行っちまったよ」

母が言っていた
母はやさしい人だった。道に出てきたミミズを見つけると、あっちに行かんね、と棒で草薮のほうまで押しやっていた。

足腰の立たない雨ガエルを棒で畑のほうに押しやった。

また別のある日、山の茶畑から猫が飛びだしてきた。

ときどき顔を会わしている猫である。私のバイクを見て立ちどまり、少し顔をかしげて、また茶畑の中に飛びこんでいった。

私にはそのしぐさが「ああ、検針のおじさんか」と言っているように見えた。

三毛のきれいな毛並みをしていた。

いつも不思議だったのは、あの猫はなにを食べているんだろうということだった。山の中の茶畑*である。最初の検針のとき、防霜ファンの電気メーター４個を探すのに１時間もかかった僻地であり、あたりには人家などないのだ。

そうか、鹿児島は暖かいのだ。冬の寒さもなんとかしのげる。それに夏はトカゲやヘビがおり、冬は山ねずみや小鳥がいるのだ。茶畑のヒヨドリなども捕まえているのかもしれない。捨て猫というより、山で生まれ、山で育ち、完全に野生化しているのかもしれない。人間の手など借りずに自立しているのかもしれない。

１年たち、その猫とはすっかり顔なじみになっていた。

山の中の茶畑
鹿児島県は静岡に次ぐお茶の産地である。その茶畑にキジがよくいる。片足のちぎれたキジを見たことがあった。あのキジの足は猫に食いちぎられたのだろうか。

いつもバイクの前を横切り、茶畑の中に飛びこんでいった。人恋しいのだろうか、今度おみやげでも持っていってやろうかと思ったこともあったが、月に1回ではなんの足しにもならない。野生の自立心をくじくだけだとやめた。

さらに1年がたち、5月の茶畑の道にその猫は死んでいた。

危うくバイクで踏みつぶしそうになったかたまりがその猫だった。汚れたタオルかと思ったものがその猫だった。

顔は半分ガイコツになり、お腹は肋骨だけの空洞になり、その奥になにか虫が動いていた。脚先や尾に見覚えのあるあの三毛の毛並みが残っていた。

あっ、あの猫*。

おまえもがんばっていたんだろうになぁ。

あっ、あの猫
検針作業の合間、茶畑の中で無常を感じた。

某月某日 **急性メニエール病**：それでも私が検針に行ったワケ

朝、3分でご飯と梅干しを流しこみ、箸とどんぶりを片づけようとしたとき、クラッとした。地震かと思った。
が、地震ではなかった。頭骨の内側に電気のかたまりが走った*のだった。
激しいめまいがし、上体がグラリと揺れた。手にしたどんぶりを落としそうになった。吐き気で息絶え絶えになりながら、敷いたままだった布団に倒れこみ、掛け布団にしがみつき、それからは地獄だった。

　めまいと吐き気の苦しさに身動きができなくなり、両手にしびれが走っていた。脳溢血（のういっけつ）か。このまま死ぬのか。恐さはなく、ただめまいと吐き気の苦しみだけがあった。そして、次の瞬間、さらなる吐き気がこみあげてき、胃液の混じったものが勢いよく飛び散り、床を汚していた。

　その吐瀉物（としゃぶつ）を見ながら、やっと空気を吸いこみ、空気がこんなにもおいしいものかと思った。

　朝の6時半だった。これでは仕事などできない。携帯電話を引き寄せ、まだ寝床の中にいるはずの錦江サービス興業の山口かおるさんに電話をした。

「おはようございますぅ」

　山口かおるさんの眠そうな声。

電気のかたまりが走った
あのとき、左側頭部にビクッと感じた。まさに電気が走った感じだった。そして次の瞬間、目が回り始めた。

「も、申し訳ない」

「はあ？」

「き、きょう、だれか頼んでほしい。倒れてしまった。も、もう息もできない」

「ど、どう、したんですか？」

私の息絶え絶えな声に、山口さんの声がぱっちりになった。布団から体を起こしたようだった。

「大丈夫ですか？　18検*以降はできますか？」

「様子を見て、夕方電話をする。それでいい」

「ええ、仕事はなんとかしますからゆっくり休んでください」

そのやさしさに涙が出そうになった。

1日目、身動きもできず、ただ布団の中で息を殺して寝ていた。

2日目、医者に行き、診断は急性のメニエール*。木曜日、金曜日、そして土曜日と、点滴と飲み薬で症状は治まっていった。が、まだふらふらだった。ふとしたとき吐き気がこみあげてき、頭がクラリとした。

月曜日は、あの台風21号で「屋根まで飛んだ」下福元と与次郎1丁目であり、

18検
検針は月初めに始まり、月末28日ごろに終了する。第1日目を1検針、続いて2検針、3検針……と数える。土、日、祭日は検針はないので、それらを除外して数える。つまりその月の18日目が18検針となる。「18検」と略すこともある。

診断は急性のメニエール
めまいや吐き気を発作的にもよおす病気。床も天井も回るような回転性のめまいだった。目を閉じると目の中の闇が回る。耐えがたいものがある。ただ喘ぐしかない。原因は不明とされているが、いつも電気メーターの回転盤を見ているのが原因のひとつだと思われる。

現場までバイクで1時間。件数も多い。

しかし、月曜日は休むわけにはいかない。与次郎1丁目は死んでも行かなければならない。

数カ月前に誤検針をやり、それを隠していたのだ。

「定食クジラ屋」は廃業し「麻雀クララ」になっていたのだが、「電灯」と「動力*」の2つの電気メーターはそのまま再使用していた。4カ月前だったか、その「動力」の電気メーターの下で息を呑んだ。指示数は先月と同じく2324。

しかし、電気メーターの指示数をよく見ると、一のケタに「3」の数字がわずかに覗いていたのだ。その場合、「下読み」のルールで「3」と読まなければならない。「2323」と読まなければならなかったのだ。0・01kwhにも満たないわずかな誤差。それでも誤検針は誤検針なのだ。

回転盤がちょっと動けば解決することだった。柱を揺さぶってみようか。いや桜島は目の前、大噴火してくれればそれで済むことだ。

いずれにしろいまさら誤検針でしたというわけにはいかなかった。気づかなかったことにしておくしかない。そのうち動く、そのうち桜島も大噴火するだろ

「電灯」と「動力」
「電灯」は一般の家庭などで使用している契約形態のこと。「動力」は店舗などで業務用エアコンを一日中使っているときなどに有利となる契約形態。「電灯」と「動力」とでは流れている電気の種類が違い、コンセントの穴の数、基本料金なども異なる。「動力」を使うためには電力会社と専用の契約が必要となり、基本料金は高いが、単価は安くなる。

うと、4カ月がたったのだった。

ところが、その回転盤がなかなか動かなかった。「電灯」の回転盤はヘリコプターのローターのようにぐるぐると回転していたが、「動力」はピタリと止まったままだった。

毎月、その電気メーターの下に立つとき、不安と期待にとり憑かれていた。それをもう4回もくり返していたのだ。すなわち誤検針を4カ月も隠していたのだ*。だから下福元はともかく、与次郎1丁目は死んでも行かなければならなかったのだ。

月曜日、決死の覚悟で家を出た。

振り向いたり、うつ向いたとき、気分が悪くなった。

バイクの振動でクラッとした。めまいがぶり返してきそうだった。検針の途中で倒れるかもしれない。「ご苦労さまです」と、のんびりと声をかけてくれるおばちゃんが幸せそうに見えた。

お昼すぎ、下福元283件*を終え、いよいよ与次郎1丁目。空腹をこらえてバイクでひた走りに30分。順路を無視してまっさきに「麻雀クララ」の電気メー

誤検針を4カ月も隠していた
別の担当者が検針に行けば、ピタリと止まったままの「動力」の誤検針が露見することになる。

下福元283件
近くに大学があり学生用のアパートが多い地区。アパート、マンションがあると検針はさばける。検針は朝7時前から始め、お昼前に終わる場合もある。夏場は午後の暑さを避けるため朝6時すぎに始めることもあった。

ターに駆けつけた。バイクから降りるのももどかしく電気メーターの下に立った。

「おおーっ」

思わず声が出た。

動力の電気メーターの回転盤がヘリコプターのローターのようにぐるぐると回っていた。

「２３２３」なんかもう跡形もなくなっていた。誤検針は永遠に闇に葬られた。

こみあげてくるうれしさにめまいがした。

誤検針を隠し通せたときのこの喜び。これこそ検針の喜びだ。

某月某日　**奇妙な張り紙**：Ｑ電力は現場を知らない

「アパート、マンションで会計係がいないところは、会計係がいないと書いてください」

こんな張り紙がＱ電力の掲示板に張りだされた。

Q電力が電気使用料の「お知らせ票」の持ち帰りの実態調査をしたときのことである。奇妙な張り紙である。

「お知らせ票」は原則、お客さまに配布しなければならない。

ところが、配布先がわからず配布できないものがたくさんある。とくに商業地区に多い。私が担当している鹿児島市の歓楽街・山之口町では250件のうち、50件分は検針員の持ち帰りになってしまう。検針したところに配布すればいいのではと思われるだろうが、現実はそうはいかない。

いまや電気メーターは家屋やビルは当然のこと、看板から、自動販売機、コイン精米器から竹林の中の地震計、さらには墓地にまで設置してある。

これらの電気メーターの使用者がどこのだれかということは検針の現場ではわからないのだ。わかっても、使用者はその近辺に住んでいないのである。*

また商業ビルなどで電気メーターが一カ所にまとめて設置してあると、出力された「お知らせ票」がどのテナントのものかわからないのである。

まず郵便受けが整備されていない。設置されていても、郵便受けと「お知らせ票」に表示された名称が一致しない。

使用者はその近辺に住んでいない
ポンプ小屋とか、防霜ファンなどの電気メーターは畑の真ん中にあったりする。その「お知らせ票」を自宅まで持ってくるように言うお客さまがいる。近くならともかく、2、3キロも離れた家では手当を請求したくなる。住所が遠方の場合はさすがにQ電力が郵送していた。

郵便受けには店舗名が表示してあるが、出力された「お知らせ票」には契約元の法人名が登録されていることが多いからである。法人名は「桜島観光株式会社」で、店舗名は「クラブはいはい」となるのである。そうした「お知らせ票」は配布できず、検針員が持ち帰ることとなる。

そのあげくが、「ちゃんと検針をやっておっとかー。伝票を持ってこんかー」*とお客さまに怒鳴られる。

電話を受けたQ電力の収納課は血相を変える。下請けの錦江サービス興業に、2倍にも3倍にも増幅した感情で怒鳴るのである。

「なよ、しとっとですかー。なよ指導しておっとですかー！」

「申し訳ありません」

「検針会社は、いくらでもあっとですよ！」

「は、はーっ」

錦江サービス興業の鹿島課長は受話器を片手に頭を膝まで下げるのである。

そして、今度は検針員が怒鳴られるのである。

「なんで、配布せんとですか！」

伝票を持ってこんかー
アパートなどの共用分の「お知らせ票」を持ち帰らないで、というお客さまがいる。そのときは「お知らせ票」を入れる専用の袋があるので、それを提供し、取りつけている。が、その袋に数年分の「お知らせ票」が色褪せて溜まっているのが実情。結局「お知らせ票」などきちんと見ていないのである。

「配布先がわからんとです」

「なんで、聞かんとですかー」

「だれに聞けばよかとですか」

鹿島課長は一瞬、口をつぐみ、

「検針員なんて、いくらでもおっとですよ」と言って自分の机に戻っていくのである。

そうした苦情が相次いだので、鹿島課長は「持ち帰り」の調査をやった。だが現場を知らない鹿島課長が調査票を作ったので、なんの成果も得られなかった。検針員67名、１カ月をかけて調査したにもかかわらず、ますますわけがわからなくなってしまった。

「こげな調査もできんとですかー」と、音をあげたQ電力は今度は自分たちで調査をすることにした。

だがしかし、である。彼らはさらに現場を知らないのである。雨の日も、風の日も、雪の日も、空調の効いた事務所でただキーボードを叩いている彼らである。現場を知っているわけがないのだ。そして、そのときに掲示されたのが、さきの張り紙である。

日本中どこを探しても、アパートやマンションに専任の会計係などがいるわけはないのだ。鹿児島県では管理人さえいないマンションが大半であり、ましてアパートにいたっては入口や玄関ホールなどないのが当たり前である。さらにアパート、マンションの共用分の「お知らせ票」は持ち帰っても実害はないのである。数量も全体の3％以下であり、そこに焦点を当てて調査してもなんの意味もないのである。

「こげな調査もでききんとですかー」と私は独自に調査を始めた。

検針現場で丹念にメモをとった。そしてケプナー・トリゴーの手法*を駆使し、「お知らせ票」の持ち帰りの現状、原因、そして具体的な解決策*を6ページにまとめた。「これをQ電力へ提出してください」と錦江サービス興業の鹿島課長に渡した。

鹿島課長は私のリポートを見るなり、「うーん」とうなった。

「よく、調べましたね」

が、しかし、彼はうなっただけだった。

ケプナー・トリゴーの手法
ケプナー（Kepner）、トリゴー（Tregoe）によって開発された問題解決の技法で、KT技法とも呼称される。日本でも著書が刊行されており、講習が行なわれている。

具体的な解決策
店舗、飲食店などはハンディに登録された名義と現場の店名が異なる。そのため「お知らせ票」が配布できない。その両方をハンディに登録し、「お知らせ票」に印字すれば問題はなくなる。それでも配布できないものはゴミ箱に捨てればよい。というようなことをレポートにまとめた。鹿島課長しか目にしなかった解決策をこんなところで公開することになろうとは。

立場がなかったのである。彼とQ電力収納課、両方の立場がなかったのである。6ページのレポートはQ電力収納課には渡らず、鹿島課長のデスクの引き出しにしまいこまれたのだった。

某月某日　ひっくり返された植木鉢：会社と検針員の信頼関係

西陵4丁目を検針しているとき、携帯が鳴った。

「川島さん、さきほど和田さん宅を検針したよね⁉」

錦江サービス興業の山之上さんの低い声。

「植木鉢をひっくり返さなかった？　苦情だよ！　すぐに戻って対処してくれる」

しまったー。

和田さん宅でツツジの植木鉢がひっくり返っていた。私がやったのではなく、行ったときにはすでにひっくり返っていた。だからさわらぬ神にたたりなし、と

指一本触れることなく検針を済ませたのだった。

「あれは、私じゃないんです。行ったときにはひっくり返っていたんです」

「そんなこと、だれが信じるの！　電気メーターの下の植木鉢がひっくり返っている。検針が済んでいる。だれだって検針員がひっくり返したと思うでしょう」

「はぁ」

「いま近くでしょう。早く行って対処してくれる⁉　川島さんがやったんではないというなら、お客さんにそう話していいよ」

会社と検針員とのあいだに信頼関係はこれっぽっちもない。

お客さまになんと話すべきか考えながら引き返した。

さきにブロック塀の後ろに回り、電気メーターのところを見てみる。

すでに家の人が元に戻したのかツツジの植木鉢は立っており、犬走りのコンクリートが土で少し汚れているだけだった。玄関のベルを押した。

「検針の人か。近くにいたの？」

出てこられたご主人は怒っている様子がなかった。

「申し訳ありませんでした」

ここは錦江サービス興業方式でひたすら謝るしかない。深々と頭を下げた。

「家内が電話をしたもんだから……。本当にひっくり返したの？」

思わずご主人の顔を見た。

「枝が張っているもんだから、風でころがったり、猫がひっくり返したりするのよ」

「えっ？」

「うちの者が電話したもんだから、悪かったね」

なんだかご主人と話すことが楽しくなった。

「申し訳ありませんでした。今後はせめて植木鉢を起こして、状況がわかるようにメモを入れておきます」

「いいのよ。あんなところに置いておくのが悪いのよ。場所を変えるようにするよ」

「そうしていただければ」

錦江サービス興業の山之上さんの声が耳の奥に残っていた。

山之上さん、なんでもかんでも怒鳴らないでくださいよ。

某月某日　支社長との昼食会：そのとき、課長の顔色が変わった！

Q電力の鹿児島支社長と錦江サービス興業との昼食会があった。

食事をしながら、みんなにマイクが回された。

そのとき、Q電力収納課の中馬さんは「毎日ごくろうさまです。みなさんは現場でいろんな経験をされているかと思います。今日は、お客さまからのお褒めの言葉など、いいことを話してみてください」と挨拶をして、みんなにマイクを回した。

みんなはその期待に応えて、お客さまから野菜をもらうことがあり家計が助かっているとか、毎月ヨーグルトをくださるお客さまがいるとか、Q電力で働いているなんて大きな会社だからいいねと言われたなどと話した。ごまんとある現場の問題が封印されたのである。

支社長が私たちの「現場」を見にきてくれたのに、これでは彼の労が報われない。マイクが回ってきたとき、私は「検針員の意見をもっと聞いてください」と切りだした。

中馬さんと鹿島課長の顔色が変わった。

スーツではなく作業服で親しみを演出していた支社長はニコニコしていた。

「現場を知っているのは検針員なのです。Q電力はサービス業でもあると思うのですが、お客さまの声を聞かないサービス業に明日はないと思います。そしてその現場を一番知っているのは検針員ではないでしょうか」と演説した。

ひと息入れ、実際にあった事例を話そうとした。

「たとえばですね、えーと」

ここは肝心と、もうひと息入れたそのときである。錦江サービス興業の鹿島課長の声が聞こえた。

「すみません、時間もありませんから、次の方に回してもらえませんか」

鹿島課長は生きた心地がしていなかったのだ。

「いま、検針員の声を聞いてください、と言っているじゃありませんか」

と、みんなを笑わせたものの、そこは業務委託のいち検針員、一歩下がらざるをえなかった。*

しかし、私が話そうとしたことは、Q電力の支社長が顔色を変え、中馬さんが腰を抜かすようなものだった。

天保山町（てんぽざんちょう）で、*私の担当区域にありながら検針をしていない電気メーターがあった。電気メーターの回転盤はぐるぐると回っていた。

なんの不思議もなかった。

隣の地区の担当者が越境して検針している電気メーターは無数にあり、それもそのひとつだろうと思っていた。

その地区を担当して3年たったとき、そのアパートの2階の電気メーターが検針対象になった。一軒家と思っていたのは1階、2階、それぞれ一戸のアパートだったのだが、そうなると、気になったのは1階の電気メーターである。ひとつのアパートで1階、2階、別々の検針員が検針するのは好ましくない。1階の電気メーターを私の担当地区に組み入れるようにQ電力の収納課に依頼書を出した。

ところが驚いたことに、その電気メーターはQ電力のホストコンピュータに登

一歩下がらざるをえなかった
Q電力の支社長との昼食会は結局形式的なものだった。本当に検針員をねぎらい、あるいは現場の仕事を知りたいのなら、あのとき支社長自ら「続きを話してください」と言われるべきだったと思う。

天保山町
薩英戦争はここからの砲撃で始まった。1863年のことである。その砲台のあとが現在も残されている。

録されていなかったのである。

依頼書を受けとった担当者がキーボードを何回叩いても「データはありません」と画面に表示されたのである。

1階の電気メーターはだれも検針していなかったのだ。住人は過去何年間にもわたり、タダで電気を使用していたのだった。*

電気メーターの回転盤は毎月、ぐるぐると回っていた。私はそれを見ていた。いくら電気を使っても1円の請求もこなかったのだ。住人としてはこれ幸い、電気の使い放題だったのではないか。

しかし、問題はそれだけでは終わらなかった。

その電気メーターが私の担当区域に編入されたのは問題が発覚してからさらに8カ月後のことだった。8カ月は放置されていた。まさにお役所仕事だった。

このお客さまにどんな対応がとられたか、私にはわからない。

さらにこんなお客さまが他にもあるのではないか。

鹿児島県だけでも数十件はあるかもしれない。九州全体では何百件もあるかもしれない。

タダで電気を使用していた
検針員として現場の状況から判断する限り、お客さまはタダで電気を使っていたと思う。ただQ電力内部でどのようになっていたかはわからないので、一応、断定は避けておきたい。

だが、なぜこんなミスが発生したのだろう。

それに、なぜ発見できなかったのだろう。

問題が発覚してから対応までなぜ８カ月もかかったのだろう。


ハンディのパスワード*という問題もあった。

ハンディには検針のための情報、すなわち契約者名、住所、前月の指示数、使用量などが入っている。個人情報保護法が施行され、管理は厳しくなった。

ところが、そのハンディを操作するためのパスワードがハンディの横に貼りつけてあったのである。ハンディが導入されたときから何年間も貼りつけてあったのである。

１９７５年ごろ、銀行のキャッシュカードが導入されてまもなく、まだ暗証番号というものに馴染みがなかったころ、銀行は預金者が暗証番号を忘れることを懸念した。そして暗証番号として勧めたのが、誕生日、自宅の電話番号、車のナンバーなどであった。

数十年たち、世の中は変わった。誕生日などを暗証番号として使っていたら、

ハンディのパスワード
ハンディには個人情報が入っているので、パスワードがなければ、起動し画面を開くことはできない。

全財産を失ってしまう。いまや銀行は暗証番号に誕生日など使わないように指導しなければならなくなった。のんびりした時代ははるか昔のことになってしまったのだった。

しかし、Q電力では、ハンディのパスワードがいまだにそのハンディに貼りつけてあったのだった。

「これらはすぐに剥がすべきではありませんか」

立ち話のとき、私はQ電力の中馬さんに言った。

ありがとう、とお礼を言われると思っていた。

とんでもなかった。中馬さんは「だれもそれがパスワードとは思わないでしょう」と言ったのだった。

中馬さんにはセキュリティに対する基本的な感覚も、現場からの意見を聞く耳もなかったのだ。あるいは下請け会社のいち業務委託員の話に耳を傾けるにはあまりにプライドが高すぎたのか。

ところが、である。その1カ月後、次のような指示が出された。

「ハンディに貼ってあるパスワードをすぐに剥がしてください。パスワードは絶対にメモなどしないでください」

中馬さんが出したのではない。私が中馬さんに提案していたちょうどそのころ、Q電力本社が気づき、本社から指示が出されたのだった。

某月某日　とんでもない客との遭遇：業務委託の実態

家の新築現場で建材の板を踏みつけてしまった検針員がいた。

真新しい板材に泥の靴跡がついたらしい。建築業者から汚れた板材の弁償を請求された。錦江サービス興業の社員を伴って謝罪に行き、弁償するということで話がついたとのことだった。

たしか10万円ほどと聞いたが、もちろん錦江サービス興業は業務委託の検針員になんの補償もしてくれない。こうした事故に対する保険など掛けていないし、会社は謝罪を取りなしてくれるだけである。10万円は検針員の自腹だったという。

もっと恐いことがあった。

数年に一度、ブレーカーの調査*が行なわれる。登録されているアンペア数と現場のアンペア数が一致しているかどうかの調査で、住居の中に入ってブレーカーを見なければならない。アンペア数ごとに色分けしてあるブレーカーの色を見るだけなので10秒とかからないのだが、家の中に入れてもらわないといけない。

やれる範囲で調査すればいいのだが、1件250円の手当が支給されるので、みんながんばる。またとない稼ぎどきである。

ブレーカーの設置場所によっては家の人に嫌がられることになるが、それでも「とっ散らかしておっどん」などと言いながらもたいていの家では受け入れてくださる。

が、ある検針員はとんでもないお客に遭遇してしまった。

家にあがり、ブレーカーの色を確認し、挨拶をして帰ろうとしたとき、家人の男性に呼びとめられた。

「ちょっと待て！」

突然の暴力的な声に、検針員は震えあがった。

「あんたはカーペットの上を歩いたよね」

ブレーカーの調査
ブレーカーは契約アンペアごとに色分けしてある。契約アンペアと色が一致しているかを確認する。1件250円もらえるのでありがたかったが、でもなぜこんな調査が必要なのだろうか。

「は、はい」

「その靴下はなんだ。汚れておっとが。このカーペットいくらすっとか知っとっとか？」

正直、検針員は清潔とはいえない。全身ほこりまみれ、衣服の下では全身汗まみれ。

「３００万円じゃ」

そして、カーペットはフランスから特別に取り寄せたことなどを話し、クリーニング代として１００万円を請求されたということだった。

入った家が悪かった。その地区は暴力団排除運動をしていた自治会長が背後からお尻を刺されたというところ*だった。

検針員会議で報告された事例である。

結末がどうなったか、その時点では交渉中とのことで報告されなかった。

が、ここでも錦江サービス興業は話し合いに立ちあってはくれるが責任はとらない。なんの補償もしてくれない。これが業務委託の実態である。

その後の噂では、その検針員は自ら１００万円を支払い、検針員を辞めたとい

お尻を刺されたというところ
当時、ニュースでも報道された事件。照国神社や西郷隆盛の銅像が近くにある地区で、さらに行くと美術館、図書館、鶴丸城跡がある。鶴丸城跡の石垣には西南戦争のときの弾痕がたくさん残っている。

うことだった。

某月某日　**経費削減**：1本2000円の企業努力

「最近、接続ケーブルの修理が増えています。修理代節約のためにも、今後、接続ケーブルの使用を禁止します」

またまたおかしな通達だった。

ハンディに指示数を入力し、印刷のボタンを押すと、腰にくくりつけたプリンターから「お知らせ票」が印刷される。それを初めて見るおばちゃんたちが「世の中、便利になったのね」と感嘆の声をあげる代物である。

そのハンディからプリンターにデータを送る方法にはふた通りがある。

無線方式とケーブル方式である。それぞれの利点と欠点はある。

無線方式はケーブルがないので邪魔にならない。しかし印刷速度が遅く、信号が安定していない。

ケーブル方式*はその逆である。接続ケーブルが邪魔になることがある。しかし印刷速度が速く、信号が安定している。

双方の印刷速度には約３秒の差があるが、これがたったの３秒ではないのである。１日に数百件、多い場合は６００件を検針するときは、たったの３秒とはいえないのである。

それに検針員は指示数をただ入力しているのではない。

計器番号を読みとり、指示数を読みとり、入力し、再度指示数を確認し、印刷のボタンを押し、印刷された「お知らせ票」の指示数、そして消費ｋｗｈを確認しているのだ。

誤検針を年に10件もやればクビになるというプレッシャーのもとで緊張し、集中して検針を行なっているのである。その緊張と集中を途切れさせないためにも３秒間の空白は邪魔なのだ。

さらにもうひとつ重要な問題があった。

電磁波である。

携帯電話や電子レンジの電磁波、あるいは高圧線の鉄塔近辺の電磁波*などが問

ケーブル方式
信号が安定しており間違いがないという理由で当初、錦江サービス興業はケーブルを使用することを奨励していた。ということはＱ電力も奨励していたと思われる。

電磁波
この危険性はずいぶん前からアメリカなどでは指摘されている。しかし、理論的に疑われても、どのように危険か実証されないのでうやむやになってしまう。携帯電話が普及し始めたときも脳腫瘍になる危険性が指摘された。電波抜きにはもはや社会が成り立たない。危険性に目をつぶるしかないのかもしれない。

題になっているが、無線方式ではハンディからプリンターに電波が飛ばされる。

検針員はそれを朝から晩まで浴びなければならないのだ。プリンターは腰にくくりつけているので、その電波を腹部に浴びることになるのだが、日に5、6回ならまだしも、検針の件数だけ、日数だけ、そして年数だけ浴びなければならない。

そうした危険性を考えれば接続ケーブルの修理費用など問題ではないはずだ。

1本せいぜい2000円のケーブルである。鹿児島支社でたかだか100本使っているだけである。何本故障したのか。鹿児島支社でたったの6本である。しかもすでに10年近く使い、原価償却したものである。

兆単位の総資産を持ち、社員1万人以上の膨大な人的資産を持つ巨大企業が編み出した〝見事な〟経費削減であった。

某月某日 ぶら下がった計器：取りつけ直すのに2カ月

天文館で、料亭「花の道」のおかみさんが出てきた。

「見て、これ、吊り下げておいたからね」

「おおっ」

「びっくりしたわよ。逆さにブラブラぶら下がっているんだもの。*火でも出たらどうするの。すぐに修理してよ」

隣のビルの電気メーターが、料亭の裏木戸のそばにビニール紐で吊り下げてあった。

「いや、これは危ないや。今日にでも修理させます」

携帯電話を取りだし、Ｑ電力の収納課に電話をした。

男の声で「もしもし」。

また野呂さんである。

「いま天文館にいるんですが、計器がぶら下がっているものですから。危険だと思うので、すぐに修理してほしいのですが」

「計器番号を言って」

「１２３、５６５６」

ブラブラぶら下がっている
スマートメーターの導入で検針員が毎月検針しないと、ぶら下がった計器の発見は難しくなる。スマートメーターはそこまでは教えてくれない。お客さまが気づくしかないが、お客さまは電気メーターなど見てはいない。多くはどこに設置してあるかも知らない。

「山之口町か。黒ぶたラーメン五郎ちゃんね。今日の午後行かせるよ」

「お願いします。料亭のおかみさんにはそのように伝えておきます」

「花の道」のおかみさんは「ああ、よかった」と笑顔になった。

ところが、である。次月、訪問して驚いてしまった。電気メーターはビニール紐で吊るしたままだった。

「花の道」のおかみさんに謝りようがない。気づかれないように、そっと裏木戸を出て携帯を取りだした。*

「もしもし」

「はい、Q電力、収納課、横川です」

派遣社員*の横川玲子さんである。

「あっ、すみません。電気メーターの修理を大至急でお願いしたいんですが」

「どんな状態ですか?」

「板から外れて、ビニール紐で吊るしてあるのです」

「わかりました。これからすぐに行かせます。計器番号を教えてください」

「123、5656」

携帯を取りだした
長い間、風雨にさらされ取りつけ板が腐り、電気メーターがぶら下がっているのはよくあること。また台風のあとなどには電線に木の枝やビニールなどがからまっている。それらを発見しQ電力に通報するのは検針員。Q電力は「見つけたときは連絡をしてください」と言っているが手数料が出るわけではない。

派遣社員
派遣社員は派遣元が教育しているためか、しっかりとし、てきぱきと仕事をこなす人が多い。社員はお茶を飲みながらおしゃべりをしていても、派遣社員は節度を持っている人が多い気がした。言葉使いもきちんとしていた。

「お待ちください」

キーボードの音がする。さわやかな静かさがあり、

「黒ぶたラーメン五郎ちゃんですね」

横川さんが言うと高級料亭のように聞こえる。

「じつはこの件はですね、お客さまから話があり、先月すでに電話をしているんです」

「それで修理されていないんですか？」

「そうなんです」

「申し訳ありません。お客さまに謝っておいてもらえませんか。修理の者にも、その旨伝えておきます」

なんとてきぱきした応答だろう。

これで安心して「花の道」のおかみさんに謝ることができる。

なんか、いい日だなぁ、と電話を切った。

某月某日　姉の家を出る：ついにその日がきた

同居していた姉との関係は徐々に険悪になっていた。

姉弟といっても18歳も年齢が離れており、小さいとき面倒を見てもらったという記憶があるだけで対等に話などしたことはなかった。それに私自身、明治生まれの父の影響もあり、好んで話をするほうではなかった。父は、男はしゃべるもんじゃない、流行歌など歌うもんじゃない、と言っていた。まさに三船敏郎の「男は黙ってサッポロビール*」の世界だった。

私が自分の部屋にいたとき、階段をのぼってくる姉の足音が聞こえてきた。小さな足音だった。引き戸の前で「開けてよかね」と声がし、戸を開けた姉は「お願いがあるんだけど」と標準語で切りだした。

「ここを出ていってくれんね」

「……」

男は黙ってサッポロビール
1970年、三船敏郎が出たCM。これによりサッポロビールの売上げが大幅に上がったという。「椿三十郎」「用心棒」「隠し砦の三悪人」、黒澤明、三船敏郎の映画はどれもすばらしい。

「もう、ここらあたりの様子もわかったでしょう。あなたがいると、私は気持ちが落ちつかんがよ」

70半ばの姉は腰が曲がっており、柱につかまりながら言った。

「頼んがよ。お願いいな」

姉はそれだけ言うと、私の返事を聞くこともなく階段を降りていった。

団地は静まりかえっていた。

子どもたちの登校や出勤の車の慌ただしさは終わり、午前の日差しがもったいないと思われるほど明るく家々の屋根に降りそそいでいた。

働いているとはいっても月に10日しか働かず*、残りは好きなことをしていることに後ろめたさがあった。こんな時間に家にいることの後ろめたさがあった。

1階にいる姉もなにもすることもなく1日をすごしていた。それもまた落ちつかないものだった。

いつかは姉の家を出ていきたいとは思っていたが、姉から切りだされるとグサリときた。姉は毎日、いつ切りだそうかと思い悩んでいたのだろう。

それから半年後、私は伊集院町の猪鹿倉（いかくら）に引っ越した。

月に10日しか働かず
月10日出勤し、10万円程度の収入を得て、足りない分は会社員時代の割増退職金を切り崩しながら生活した。

家賃3万円の古い一軒家。畳の隙間から風が入ってきた。雨が降ると湿気がそのままあがってきた。畳やベニヤの壁にカビが生えた。夏場は畳の上を小さな虫が這いまわっていた。

一番驚いたのはヤマビル*が出てきたときだった。夜中、パソコンに向かっているときだった。ヤマビルは体を伸ばし尺取り虫のように前進してきた。

2章で述べたとおり、東京にいたころ私はアメリカ企業の日本法人で働いていた。

仕事は恐ろしく忙しく、また恐ろしく楽しくもあった。係長になったとき、直属の上司がオーストラリア人であったこともあり、激務にさらされた。

仕事はオフィスの管理、メールなどの社内サービス、備品、印刷物、機器などの購買で、最初に指示された大仕事は営業部の移転だった。

不動産業者探し、設計事務所探し、電気、電話、間仕切りなどの工事業者探しと未知の仕事の始まりだった。朝5時に起き、寝床の中でひと仕事し*、夜は8時、9時までオフィスで働いた。昼休みは15分で終えた。土曜日も出勤した。

ヤマビル
体長10センチあまりのヒル。空中に伸ばした体をゆらゆらさせるとぎょっとする。なにを嗅ぎつけて家の中に入り、私に向かってきたのか。どんな距離から人間のニオイを嗅ぎつけるのか。ヒルは水に濡らしたタバコの液をかけるとニコチンでころりと死んでしまう。子どものとき、田植えの手伝いをしていて発見した。

寝床の中でひと仕事し
集中した仕事をするためには目覚めた直後はもっとも適している。創造的な仕事は右脳で行なうものらしい。目覚めた直後は左脳が眠っており、右脳が働きやすいという。資料のまとめやマニュアル作りなどを私は寝床の中で行なっていた。

日曜日はお昼すぎまで寝て、起きだすと洗濯、掃除、食料の買い出しなどを行なった。月曜日からまた始まる激務のことを考えたとき、どこか遠いところに行きたいと思った。

日曜日、１週間分の家事をほったらかして浅草に出かけ、たださまよい歩いたことがあった。上野公園をさまよい歩き、木立のあちらこちらに作られた浮浪者のダンボールの住まいに親しみを感じた。

心の片隅にはいつもさみしさがあった。本当の自分を感じることができないさみしさだった。

会社を辞めるのも、鹿児島に戻るのも、すべて自らで選び取った道であり、後悔はなかった。

しかし、夜中、カビ臭い小さな部屋で、目のないヤマビルがためらうことなくこちらに向かってきたとき、会社を辞めるとは、年収８５０万円を失うとはこういうことだと思った。

第4章

「俺には検針しかできない」

某月某日 休日、苦情の電話 ：「お知らせ票」を入れたのは誰？

その日、私は休みだった。

月10日の仕事を終え、残りは自分の時間*だと気持ちを切りかえようとしていたとき、錦江サービス興業から電話があった。

「すぐに大明丘(だいみょうがおか)団地に行ってもらえますか」

島津宏美さんの尖った声。耳元にきんきんと響いた。

「よその『お知らせ票』が入っていたって苦情の電話があったんです」

先方の住所と名前を書きとめる。

現場の地図を思い浮かべてみる。どこの家の「お知らせ票」が間違って投函されていたのか聞こうとすると、

「そんなことは現場で確認してください。早く行って対処してくれますか⁉」

地図を見ると、苦情の電話をしてきた山下さんの家は私の担当地区外だった。

残りは自分の時間 創作活動のためには世間の煩わしさから解放される時間が必要と考えていた私は、月に10日働いて残り20日はそうした自分の時間にしようと思っていた。

どんなに考えても、誤って投函するような家ではなかった。

いらいらしながら自宅から35キロの距離を車で飛ばした。

呼び鈴を押すと、きれいな奥さんが出てこられた。

「これはうちのではありません。困ります」

突き返された「お知らせ票」には「カザカミタツオ」と印字してあった。

「申し訳ありません」

まだ状況がつかめないまま、私はとりあえず頭を下げた。

カザカミさん宅は、山下さんの家から60メートルあまり先にあった。２匹の老犬がおり放し飼いなので、いつもドッグフードで手なずけていた。たしかあの家を検針したのは先週の木曜日だった。

「いつ入っていましたか？」

「今朝です。ここに入っていました」

奥さんは郵便受けを指さし、顔を険しくした。

「これを検針したのは先週の木曜日、11日なんだけどな。ここに日にちがあります。私じゃない……」

苦情の対応は、まず相手の話を聞くこと。正しいか間違っているかではなくて、まず相手の怒っている気持ちを受けとめてあげること、間違っても議論などしてはいけないと検針員会議で教えられた。あのときはさすがに錦江サービス興業だと思った。

「じゃ、だれが入れたんですか？　あなたが検針したんでしょう。あなたしかないじゃないですか。とにかく二度と入れないでください」

引き下がるしかなかった。

回収した「お知らせ票」を持って坂道を歩き、カザカミさん宅に行った。カザカミさんの家の郵便受け*の前に立ったそのとき気がついた。郵便受けの蓋が壊れていたのだ。そういえば以前、蓋を閉めたあとでガタンと落ちたことがあった。風で飛んだんだ。*そしてひらひらと風に舞って、山下さんの家の前まで飛んでいったのだ。そして今朝、通りがかっただれかが親切にも山下さんの郵便受けに入れてくれたのだ。

いまさら山下さん宅に戻って奥さんに話しても仕方のないことだった。

カザカミさん宅だけには話しておこうとベルを押したが留守だった。

郵便受け
サビているもの、投函口で手をケガをしかねないもの、蓋が壊れているものなどがあった。家の人は気にしていない。どうか郵便受けは風雨に耐えるものを作ってください。

風で飛んだんだ
風の強かった日、多くの地区で郵便受けに入れたはずの「お知らせ票」が飛んだことがあった。Q電力に苦情の電話が殺到したという。たいていは郵便受けの不良が原因。

手帳を破りとり、メモを残した。そして足下の石ころを拾い、「お知らせ票」とそのメモの上に置いた。

会社に報告すると、島津さんは「はぁ、そうでしたか」と言っただけだった。

こんなときの対応をだれがすべきなんだろう。35キロの道を家へと運転しながら腹立ちまぎれにそんなことを考えていて、ふと思いだしたことがあった。

半年ほど前、下福元の路上にハガキが落ちていた。拾いあげてみると、医療保険会社のハガキだった。宛名は４、５件前に検針した瀬戸さん宅になっていた。

郵便受けから風に飛ばされたのだろう。泥に汚れたそのハガキを、私は瀬戸さん宅の郵便受けに入れた。いいことをしたと思った。

しかし、泥に汚れたハガキを見た家の人はなんと思うだろう。郵便配達の人が汚したと思うに違いない。

私は郵便配達の人に悪いことをしたのかもしれない。道ばたに落ちていました、とメモを添えてやるべきだったと思った。

某月某日　えこひいき：月27万円稼ぐ女性検針員の秘儀

誰だって検針がやりやすい地区を担当したい。稼げる地区を担当したい。隣の家まで1キロも2キロもあるような地区よりは、1メートル、2メートルの地区で検針したい。

どの地区を担当するかで収入が決まる。ガソリンの消費*も、体力の消耗の仕方も決まる。

でも検針員への地区の割りふりは適当に行なわれていた。たいていは若い島津さんが割りふっていた。表向きは貢献度に応じてということだったが、適当に決めていた。

検針員会議のとき質問したら、評価システムがあり、検針員70名の勤務評価をしていると言っていたが、評価した結果を本人に知らせることなどなかったし、評価システムそのものを公表しなかった。ないからできなかったのだ。

ガソリンの消費
原付バイクとはいえ、僻地ではガタガタの山道や急な坂道をのぼったり降りたりである。平地を走るわけではないのでガソリンは思った以上に消費する。体力の消耗も大きい。茶畑に向かっているとき、パンクしたことがあった。人里離れたところでパンク。このときは真っ青になった。

そして、島津さんが割りふっていたことがひいきの温床になっていた。島津さんは何人かの仲よしの検針員にやりやすい地区をいくらでも割りふっていたのである。

ある検針員は、月に７０００件近く検針し、27万円稼いでいた。

彼女は島津さんに口達者な話し方で取り入り、果ては知りあいの男性を彼氏として紹介していた。そこまでされると若い島津さんは、ばらまいたドッグフードに尻尾を振る番犬と同じでイチコロだった。*

あるとき、月27万円稼ぐその女性は会社に帰ってくるなり、こんなことを言った。

「宏美ちゃん、あの地区はダメだわ。やはり元に戻して」

「ダメだった？」

「オートロックが多くて入館が難しいのよ。それに何カ所かたいへんなところがあった」

こんないいかげんな地区の割りふりをし、きちんとした指導体制もできていないから、一方では泣いて１日で辞めていった女性もいた。

イチコロだった
島津さんが強大なその権限を利用しないわけがなく、彼女に取り入ろうとする検針員は他にも何人もいて、あの手この手で迫っていた。

検針員同士はほとんどつきあいがないので、よく見る顔でも、お互い挨拶程度で名前も知らない。

顔を合わせるのは検針を終わり、そのデータを甲突町(こうつきちょう)のQ電力に持ちこんだときと、その足で荒田の錦江サービス興業に報告書を提出し、次の日の検針に必要なハンディとプリンターのバッテリーなどを取りに立ち寄ったときだけである。いずれの事務所にも検針員用の椅子もなければテーブルもないので、5分も留まっていることもない。

そんな検針員の唯一のたまり場は錦江サービス興業のバイク置き場*だった。そこで常連の5、6人がおしゃべりをし、体を休めていることが多かった。

あるとき私がバイク置き場に戻ったとき、若い女性がひとりでいた。

初めて見る顔で名前も知らなかった。彼女は私の顔を見るなり話しかけてきた。彼女は涙を流していた。

「私、昨日が1日目だったんですよ。でも辞めるんです」

山田美咲さんといった彼女は、22~23歳だった。

「昨日、検針したのは郡山町だったんですよ」

バイク置き場
錦江サービス興業検針員たちの唯一の休憩の場であり、交流の場だった。ただしそこに集まるのは5、6人に限られていた。不満を語り、また情報を交換する。社内の情報はある女子社員が女性検針員に話し、彼女からわれわれのところに漏れ聞こえてきた。検針料金の値下げの話、新しい課長のこと、支社長交代などをいち早く知ることができた。

郡山町と聞いただけで、私は驚いた。

錦江サービス興業から片道30キロ以上ある。山田さんが鹿児島市内に住んでいれば国道３号線*を走っていくのだが、片側１車線、路側帯もほとんどない道を乗用車やトラックがぶんぶんと走っている。原付バイクでは速度違反をしてもそうした車の流れに乗ることはできない。男の私でさえ恐い。大型トラックの車体の下に引きこまれるような恐さがある。現場についたときには、それだけで疲れている。

そして最初の地区では、とくに山間部などでは検針する家そのもの、電気メーターの設置場所を探すことが難しい。地図が整備されていない。前の担当者からの引き継ぎもない。

私自身、初日、伊集院町野田で苦労した。

茶畑の防霜ファンの電気メーターが２、３個探せなかった。養豚場の電気メーターも、油脂工場の電気メーターも探せなかった。

さらに「キョウダイジシンケイ」の電気メーターも探せなかった。兄弟で地震計の部品かなにかを作っている工場かと思い違いをしてしまった。

国道３号線
鹿児島市を起点とし、福岡県北九州市の門司まで行く一般国道。総延長519キロ。国道といっても整備されていない。片側１車線。路側帯がない。右、左にカーブしている。坂も多い。そして交通量が多い。原付バイクで走るには決死の覚悟が必要だった。

実際は桜島のマグマの動きを観測している京都大学の地震計であり、人家をはるかに離れた杉木立の中にあった。

電気メーターを探すときの手がかりは電柱番号*であり、ハンディに表示された電柱番号の電柱を探し、その電柱からの引きこみ線をたどれば電気メーターにたどりつけるというわけだが、素人にはまずその電柱が探せないのだ。

私はいまだに電柱の配置のルールが理解できない。

168ハ781

168ハ782

とあり、次に突然、

169マ107

などとあるのである。

電柱は道路沿いに一直線上に並んでいるわけではない。横にも並んでいる。見通しのきかない山の中でも、右にも左にも並んでいるのである。

あの日、80件あまりのうち15件ほど未検針になったのだが、それも夕方、駆けつけた錦江サービス興業の社員とふたりで夜の7時すぎまでやってのことだった。

電柱番号
電柱に必ず振ってある番号。番号のプレートが電柱に打ちつけてある。Q電力はこの番号で電柱がどこに立っているか、そこからどの家に配線しているかを把握している。110番など緊急の電話をするとき、この電柱番号を伝えれば住所がわかるように体制が作られている。

あたりが暗くなり、検針をやれる状態ではなくなり中止したのだった。Q電力の電算処理を翌日までストップしてもらい、残りは次の日の早朝、錦江サービス興業の社員が検針したのだった。

Q電力の電算処理を遅らせることは新人の検針員が検針するたびにあったことだが、翌日まで遅らせたことは初めてのことだったらしい。

ひどく怒られた＊。

右に走っても左に走っても探す電柱番号はない。さんさんと輝いていた秋の日がしだいに弱々しくなっていく。心細さと焦りの間で泣きたくなった。

山田美咲さんの様子にあのときのことを思いだしてしまった。

私は山田さんの話を黙って聞いてあげた。

「バイクで走るのが恐かったです。すれすれに追い越していく車が恐くて。トラックが恐くありませんか？　何回も避けるために止まったんですよ。朝6時には家を出たのに、郡山町に着いたのは9時すぎですよ。もらった地図ではなにも探せないんです。家の人に聞いたりしながら検針し、3時になったとき、まだ半分も検針していなかったんです。電話するように言われていたので会社に電話し、

ひどく怒られた
新しい地区を割りふるとき、前の担当者の名前、電話番号を教えるなり、引き継ぎの機会を作ってくれれば、探せない電気メーターで苦労することはない。新人検針員であればなおさらである。しかし会社はそれをやらない。怒ることだけが対策と考えているのだ。

社員の人が駆けつけて残りを一緒に検針しました」

感情が昂ぶっていたのだろう、山田さんは初対面の私にためらいもなく話し続けた。私は何回も何回もうなずいた。

「最初からあんなところをやらせるなんて、ひどいと思いませんか。郡山町ですよ」

新人検針員が初日、4時、5時すぎで検針が終わっていないと、社員、そして居合わせた検針員何人かが現場に急行し、検針を行なう。こうしたことをいつもくり返しているのだ。そしてその間、Q電力の電算処理を待たせている。＊ Q電力が怒りたくなるのも当然だろう。

「申し訳ありません。申し訳ありません。新人だったもんですから」

錦江サービス興業の社員は平謝りである。Q電力の担当者になにを言われても、申し訳ありませんしか発せないのだ。

山田美咲さんは話し終わったとき、「お名前を教えてください」と言い、互いに名乗ったのだった。

Q電力の電算処理を待たせている

電算処理を待たせるということはそれに関係したQ電力の社員も残業をしなければならない。もちろん錦江サービス興業の社員も待機していなければならない。これは工夫次第で解決できるはずだが。

某月某日　連帯責任：ハンディ盗難事件の後始末

検針員泣かせのことは次々に起きる。

知覧（ちらん）の営業所で検針員がハンディを盗まれてしまった。トレーニングのとき、藤井さんが「これはドイツ製*で1台50万円します。壊したら弁償です」と言ったハンディである。しかも個人情報保護法が施行され、ハンディは肌身離さず携帯するように指導されていた。

そのとばっちりを錦江サービス興業鹿児島支社の全検針員が受けることになった。

錦江サービス興業に立ち寄ったとき、その藤井さんに呼びとめられた。

「みんなに話していることなんですけどね、来週からハンディの持ち帰りはできないことになりました」

「えっ！」

ドイツ製
最初、ハンディもプリンターもドイツ製だった。ハンディは私の手には少し大きく感じられた。その後6年くらいして日本製のものになった。ひと回り小さくなった。それにしてもドイツでも検針員は業務委託なのだろうか。

「検針日の朝、こちらで渡すようにします」

私の家と会社と検針地区の3点を思いだしてみる。

会社の近くに住んでいる人は、検針現場に向かう途中で会社に立ち寄ればいい。しかし、私のように会社から遠方に住んでいる検針員はたいへんなことになる。自宅から会社に行き、そこから検針現場に行かなければならない。それぞれに方角が違うとたいへんなことになる。

検針現場が自宅方面にあるときは最悪になる。自宅と会社の間を行ったり来たりしなければならない。7、8キロならともかく、片道30キロから40キロを行ったり来たりしなければならないのだ。

検針現場の移動距離、そして検針後にQ電力、錦江サービス興業に行くことを考えると1日120キロ*以上走らなければならない。

私も悪いことはする。吹上町の空き屋の検針ではいつも門を乗り越えている。西別府町の空き屋では庭のみかんをひとついただいたこともある。日置市の麦生田(むぎうだ)ではいいことに何百と咲き誇ったブーゲンビリアの花を一輪いただいたこともある。吠えたてる犬に石を投げつけたこともある。ここでは大か小かは言

1日120キロ
ハンディ持ち帰り禁止のとき、私が実際に走った距離。自宅→会社→検針現場（検針作業）→会社→自宅の総走行距離。その日の件数は200件あまり、稼ぎは8000円あまり。朝5時すぎには家を出て、帰宅は5時すぎだった。

わないが、緊急で物置きの陰で用を足したこともある。

でも、いいこともしている。大型犬が国道３号線でウロウロし、パトカーが出動し、警察官２人がオロオロしていたとき、捕まえてロープで街路樹につないであげた。子どもにも気をつかっている。小さな子どもがひとりでいると、変なおじさんが来たと恐がらないように、目いっぱいの笑顔で検針している。

それなのに、どうしてこんな仕打ちを受けるのか。

検針日前日には、ハンディを開いて確認しなければならないことがある。新規登録の電気メーターがあれば、地図上でその住所を確認しておかなければならない。それを把握していないと、検針中に不意に画面に表示されたデータに困惑してしまう。

初めて担当する地区であれば全件を確認し、順路を確認しておかなければならない。ぶっつけ本番で行くと探せない電気メーターが次々に出てきてたいへんなことになる。*ベテランの検針員でさえ１件30分かかったりするのだ。

その事前の確認作業は件数にもよるが、たいてい１時間以上はかかる。つまり、その確認作業も会社に立ち寄ってから行なわなければならないのだ。

たいへんなことになる　順路を事前に地図で確認しておかないと現場で苦労する。バイクを停め、バッグから地図をひっぱりだす。炎天下や風の強いときは苦労する。時間もロスする。さらに雨が降っていれば軒下を探さなければならない。

「朝は6時に職員が出社し、事務所を開けます」

「職員は残業代がつくんでしょう」

「まあ、そうだけど」

吉野町、郡山町、下福元などの検針地区が思いだされる。現場で9時に検針を始めるには朝5時すぎには家を出て会社に行かなければならないだろう。

「知覧営業所でハンディが盗まれたんです。連帯責任ということで鹿児島支社全部でやることになりました」

連帯責任？　死語ではありませんか？

検針員はお互いの名前も知らなければ顔も知らない。事あるごとに「みなさんは自営業です」「会社の社長さんです」と言っておきながら、唐突に連帯責任。*

高校生の運動部ではないのだ。

ハンディの持ち帰り禁止が始まって数日したとき、エレベーターホールで鹿島課長に会った。

「考えてみてください。私の自宅は伊集院町ですよ。会社まで30キロちょっとあります。検針地区は吉野町や郡山町があるんですよ。その日、いったい何キロ走

唐突に連帯責任
結局、錦江サービス興業は検針員全員にハンディ盗難の責任を押しつけ、それをQ電力への謝罪にしたのだ。

らないといけないと思いますか。自宅の遠い人は免除してもらえませんか？」

鹿島課長はこう言った。

「だれも、あなたに伊集院町に住んでくださいとは頼んでいません」

〝連帯責任〟のハンディの持ち返り禁止はその後２週間続いた。

某月某日　緊急掲示：検針員たちの悲鳴

それから数カ月後、また難問が出された。

ある検針員が誤検針を長いあいだ隠していたらしい。それが発覚し、錦江サービス興業は慌てた。

「鹿島課長、暗い顔をしていたんじゃない？」

バイク置き場で、西本さんが話しかけてきた。数年にわたり誤検針がゼロで「検針員マイスター」とかの称号で表彰された人である。バイク置き場の常連であり、大声の彼がいるときは私も話に加わることが多かった。

「川内営業所（せんだい）*で、1年くらい誤検針を隠していたんだって。それも50kwhくらいだって」

「また、なんか厳しいことを言われるよね」

そして数日後、緊急の掲示が出された。

「11月は1カ月間、検針地区の相互チェックを行なうことになりました」

誤検針を他にも隠している検針員がいないか、1カ月間、全員の検針地区の入れ替えを行ない、相互にチェックさせるというものだった。

「なんなの、これっ」

掲示板の前で悲鳴が聞こえた。

初めての検針地区を検針するときは、慣れたところの2倍以上の労力がかかる。鹿児島市生まれとはいえ、鹿児島市やその周辺を隅から隅まで知っているわけではないだろうに。私のように伊佐市の生まれなら、小学校の遠足でしか来たことのない鹿児島市などほとんど知らないのだ。突然、高麗町（こうらいちょう）などと言われても地図を見ないかぎり、それがどの方角にあるのかもわからない。

現場に着いて、それからがたいへんである。

川内営業所
原発のある地区では反原発運動が行なわれている。薩摩川内市にある川内原発も同様。下働きの検針員への反感を感じることはないが、会社は検針員の不祥事に神経を尖らせていた。

検針を始めたころは、事前にその地区の下見をしていた。バイクか車で走り回っていた。それでも検針当日は探せない電柱、探せない家、探せない電気メーターに苦労した。実際の検針データを見ながらでないと本当の下見はできないのだ。おおまかな家の所在がわかるだけで、個々の家や電気メーターの場所はわからない。

さらに錦江サービス興業は事前に入れ替えスケジュールを作ることをせず、前日に入れ替えたのだった。どこを検針するかは前日になってハンディを受けとり、データを確認して初めてわかるのだった。

それからロッカーから該当の地区の地図を引っぱりだし、家から現場への道順を確認する。バイクで検針するか、車で行って徒歩で検針するかを決める。そして地図上で1件ずつデータを確認しなければならない。

検針順路が整備されていればいいが、たいていは南に飛んだり北に飛んだりしている。順路が確認できていないと現場で泣きたくなる。誤検針が多くなるのも初めての現場である。

電気メーターは玄関近くの壁か、物置きの中か、洗濯物の陰か、放し飼いの犬はいないか、川内原発反対の人の家かどうかもわからないのだ。

入来町（いりきちょう）のある家では検針を済ませ、バイクで次の家に向かおうとしたとたん、「お知らせ票」を郵便受けから取りだすおじさんがいた。「お知らせ票」を見るやいなや電気メーターのところに駆けて行くのだった。ぎくりとした。これでは0・1kwhも間違うことなどできない。

オートロックマンション*では、入館の仕方がわからないこともある。会社に電話し確認するのである。会社はファイルを調べて教えてくれる。ファイルに記載がなければ、その地区の前任の担当者の携帯番号を教えてくれる。

相互チェックの1カ月間、毎日覚悟の仕事だった。時間と労力とガソリン代を浪費した。

誤検針を隠していた検針員を処罰し、適切な対策を取り、それをQ電力への謝罪にすべきところを、検針員全員を犠牲にすることで手っ取り早く謝罪したのだった。

結局この相互チェックでは1件の不正も出てこなかった。

オートロックマンション 検針員はこれに泣かされる。ガス、水道の検針員も同じではないだろうか。錦江サービス興業が管理会社と話をし、覚書を交わすなどきちんとした方法で暗唱番号を入手すべきである。検針員個人が交渉しても断られるのは目に見えている。

某月某日　検針不能：１件60円の赤字

門扉が施錠されている、犬の放し飼い、高い位置の電気メーターの結露など、さまざまな理由で当日、検針できないことがある。

そうしたときは所定の操作をして検針不能の報告書を提出すればいい。翌日、再検針の担当者が、お客さまを確認した上で検針に行くことになっていた。

鹿児島支社全体で１日に20件くらいだったろうと思われるが、それがどこで発生するかわからない。北に１件、南に１件、東に１件、西に１件とあっても不思議ではない。

２、３人いた再検針の担当者は数件を検針するのにかなりの距離をバイクか車で走り回らなければならない。検針料はたしか１件２００円くらいだったと思うが、時間とガソリン代を考えれば、採算がとれるのか疑わしい。*

そうしたこともあってか、ある日の検針員会議で「検針不能のものは検針員本

採算がとれるのか疑わしい　そう考えると再検針の担当者は他の業務も担当し、さらに時間給だったのかもしれない。

人が対応するようにしてください」と鹿島課長が話した。検針不能分も検針料40円は支払っているので、検針員自身が翌日、検針するのが当然だという説明だった。

あまりに乱暴な指示で、会議のとき一部で反発のささやきが聞かれたが、大半の検針員は黙っていた。Q電力直接雇用の検針員*であればいっせいに反対の声があがっただろう。

検針不能が発生した地区と翌日の検針地区が隣あっていたら問題はない。ちょっと足を伸ばして検針すればいいだけのことである。

検針不能が発生した地区が北で、翌日の検針地区が南であればたいへんな負担になる。1件のために数十キロを余分に走らなければならない。場合によっては半日を費やさなければならない。

私の担当地区の天文館で、ときどき検針不能になるところがあった。

薩摩料理店の電気メーターは地下階段の壁に設置してあったが、その手前にシャッターがあり、月曜日の定休日にはシャッターがおりているのである。月曜日は検針不能だった。

Q電力直接雇用の検針員 十数人ほどいた。準社員で待遇もよかった。新規募集はしていなかったので、年々人数は少なくなり、おばさん色が濃くなっていった。長年の検針で日焼けし、男勝りで気が強い。強力な組合があることもあり、Q電力の若い社員は気をつかっていた。一方、錦江サービス興業は平均年齢40歳くらい。Q電力がわれわれに気をつかうことはなかった。

その翌日の火曜日は、私は吹上町を検針することになるが、吹上町と天文館の薩摩料理店と、そしてQ電力の３点を結ぶと20キロ近く余分に走らなければならない。

それに車で繁華街の現場へ行ったときは駐車場を利用しなければならず、１件の検針といえども最低１００円の駐車料金がかかる。それだけで60円の赤字である。

これが適用されたのは錦江サービス興業の検針員だけだった。Q電力の直接雇用の検針員は従来どおりの方法で検針不能の報告書を提出し、翌日、専任の担当者が検針していた。

某月某日　スマートメーター：検針員はもういらない

10月初め、暑くもなく寒くもなく、そして雨も降らず、検針の仕事が楽しい季節だった。私は伊集院町野田の検針だったが、広々とした茶畑ののどかさに一瞬

のピクニック気分を楽しんだ。

会社に戻るとバイク置き場で4、5人がくつろいでいた。

「今日はにぎやかね。みんなどうしたの」

「ほらっ、例のスマートメーターのこと」

「仕事探しよ」

西本さんの言葉を背に、私は事務所への階段をのぼった。

9月の検針員会議*でQ電力の堀課長がスマートメーターのことを話した。

スマートメーター*とは従来の電気メーターに代わり、各家庭の電気の使用量を電波でQ電力に送信するというものだった。

使用量は30分ごとに送信される。Q電力はリアルタイムで各家庭の電気の使用量を掌握できるので、お客さまからの問い合わせに適切な応答ができる。また発電量のコントロールもより適切に行なえるし、深夜電力を使う温水器やエコキュートなどの営業にも活用できるとのことだった。

さらに検針員がいなくなるので、それまでの種々の問題が一気に解決されるということだった。

検針員会議
月末に行なわれる、全検針員が参加しての定例会議。当月の誤検針の件数、原因、対策などが話される。検針員の事故、不祥事などもテーマになる。みんな質問をためらう雰囲気があり、常時発言するのは私を含めて3、4人くらいしかいなかった。

スマートメーター
この導入は国の施策で、2024年までに切り替えが目標。電気メーターから無線を飛ばし検針データを収集する。ヨーロッパ各国でも導入が進められている。反対運動のある国もあり、必ずしも順調に導入が進んでいるわけではないようである。

すなわち誤検針がなくなる。門扉や犬の放し飼いやあるいは雪などによる検針不能がなくなる。お客さまの敷地に入らないので迷惑をかけることもなくなる。さらに電気の切断、接続、契約アンペアの変更などが、スマートメーターではリモートでできるようになるということだった。これらはお客さまの引っ越しなどに伴う変更で、当時は専任の担当者が現場に出向き手作業で行なっていたものである。

いつのまにか公衆電話がなくなり、いつのまにか駅の改札から駅員がいなくなったように、いつのまにか検針員もいなくなるのである。

スマートメーターは効率化、正確化、リアルタイム化、そして経費削減への革命だということだった。

堀課長がそこまで話したとき、おとなしい錦江サービス興業の70人ほどの検針員たちのあいだにざわめきが広がった。そのざわめきはスマートメーターシステムへの驚きというより、仕事を失う驚きだったのだろう。

堀課長は続けた。

「もちろん来月からというわけではありませんよ。明日からみなさんの仕事がなくなるわけではありません。今後、10年あまりの時間をかけてのことです。計器の製造も、また取り替え作業も時間のかかることですから、徐々に切り替えていくことになります」

考えれば私が子どものころ、検針は手作業*だったと思う。台帳を片手に検針のおじさんが来て、指示数を書きとり会社に持ち帰っていたようだった。「お知らせ票」も手書きだった。

そしてハンディが導入された。当時としてはまさに革命的な変化だっただろう。ハンディの中には計器番号や氏名、住所はもちろん電柱番号、過去の使用量などの情報が入っている。そのため異常な使用量をチェックしたり、使用量がマイナスになるなどの誤検針をチェックできるようになった。

そして「お知らせ票」がその場で印刷されるようになった。昔を知っているお年寄りは、腰にくくりつけたプリンターから「お知らせ票」が印刷されるさまを見て「すごいのね。世の中、ほんと便利になったのね」と驚くものである。

バイク置き場に戻ると、「川島さん、次は何をやるの?」と種子島生まれの高

検針は手作業
子どものころ、突然おじさんが家の裏手に来て電気メーターを見ていったのを覚えている。手には台帳と思われる冊子のようなものを持ち、指示数を紙に書いていた。バイクなど普及していないころで自転車で回っていた。そのときは気楽そうでいい仕事だなと思った。まさか何十年か後に自分がその仕事をするとは思わなかった。

木さんが声をかけてきた。彼がバイク置き場にいることは珍しいことだった。

「まだ先でしょう。それまでにはクビになってますよ」

「Q電が新たに検針員を募集しない理由がわかったよ」

山野さんが言った。

「組合つぶしじゃなかったんだ」

「残っているのは５、６人でしょ。それもあと２、３年で65の定年だもの」

「俺はブタを増やすかな。20頭くらい飼うかな」

山野さんが５、６頭のブタを飼っているのはみんな知っていた。衣服に染みついたブタ小屋のニオイをときどきさせていたからだ。

「ブタは儲かるの？　貿易自由化とかで輸入がどっと増えるんじゃないの」

「ＮＨＫの集金人はどうだったんですか。年収１０００万円？」

以前、ＮＨＫの地域スタッフをやっていた西本さんに話が向けられた。

「年収２００万円よ」

「鹿児島営業所では、集金人が上司に刃物を突きつけたんじゃないの」

成績があがらないＮＨＫの地域スタッフが「なんで、俺にばかり言うんだよ」

と刃物を持ちだして怒った*のだった。

「あれもたいへんよね。人の入れ替わりが激しいんじゃない。うちなんか払っていないんだけど、毎回、違った担当者が来るよ」

「彼らもハンディを持っているのね。照国町で見たとき、駐車違反の取り締まりかと驚いてしまったよ」

「堀さんはスマートメーターのいいことだけ言ったけど、あんなもの」

ここは私の出番と、だいぶ前にどこかの新聞で読んだことを話した。

電気の使用状況が30分置きに送信されるので、ある意味生活を監視された状態になる。すなわちプライバシーの問題があり、債権者、探偵会社、あるいは犯罪者にとっては貴重な情報源となる可能性がある。送信のための電波の電磁波の問題がある。さらにサイバー攻撃に晒される危険性があることなどを話した。

さらにおもしろい問題もあった。

「盗電」の発見が困難になるというのだ。以前、鹿屋営業所の検針員が電気メーターの結線に細工*をして盗電していたということだったが、もちろんスマートメーターでもそれはできる。問題は、検針員が毎月電気メーターを見ることがな

刃物を持ちだして怒った
ニュースでも報道された事件。NHKの受信料問題で、最高裁の判決が出る以前のことであり、地域スタッフは苦労していた。私はテレビは処分してしまったので、受信料は払っていない。

結線に細工
電気メーターを迂回して電気を直接自宅に引きこんでいたらしい。感電の危険を承知の上なら素人でもできると思われる。やったことがないので断定は避ける。もちろん推奨はしない。

いので、その発見が困難になるということだった。

「やはりね」

「まあ、一長一短ね」

「検針員にはマイナス、労働力不足を補えるのはプラス」

「検針の仕事がなくなるのは、ある意味、いいことじゃないの」

「また、どうして」

「底辺すぎる。これ以下はないと思えば、なんでもやれるんじゃない」

「まぁ、テゲテゲいやらんとね」

「霧島に戻って、農業*でもやるかな。イチゴ作りでもやろうかな」

遠矢さんが言った。

そして、この原稿を書いている2020年現在、スマートメーターの設置は半分以上進み、70人あまりいた錦江サービス興業の検針員は3分の1くらいになっているということだった。

誤検針が数年にわたりゼロだった西本さんも、同じくバイク置き場にいた遠矢

農業
鹿児島県の田畑は山間部の狭いものが多い。せいぜい7、8株ほどしか植えられない田もある。戦前、ひと粒でも米を収穫しようと山の奥まで耕されたのだろう。栃木県でどこまでも広がる田を見たとき感動した。

さんも、ブタを飼っていた山野さんも退職したということだった。

某月某日　花を愛する人は…山之上さんの完璧な謝罪

きれいな花が咲いていると楽しくなる。

庭いっぱいに咲いた花に仕事の疲れを忘れてしまう。春先の美しいこと、まさに百花繚乱*であり、世の中には、こんなにもたくさんの種類の植物があり、こんなにもきれいな花を咲かせるのかと思う。

そんなときふと奥さんが出てこられるとためらいもなく、「きれいですね」と言う。すると奥さんはうれしそうな顔になって、「これは蘭の一種なんですよ。育てるのが難しいですけどね。今年はこんなきれいに咲いたんです」などと話し始められる。

「こんなきれいな花、初めて見ました」

あまり褒めると「よかったら、ひと株あげますよ」などと言われる。検針中、

百花繚乱
花はなぜ美しいのか。人間以外の動物が花を美しいと見ているだろうか。犬は色盲、近眼であるらしい。昆虫も色彩感覚が人間とは異なっているらしい。花は、受粉をしてくれる昆虫を惹きつけるために咲いている。髪飾りにしたり、生け花にする人間を惹きつけるためではない。その花がなぜ人間に美しい姿を見せるのか。

持ち運びはできないし、私には育てられそうにない。だから奥さんの顔を見ながらほどほどに褒める。でもこんなに花を愛でるなんて、人間はやさしいんだなと思う。

しかし、その花が検針員にとって災いのもとになることもある。

紫原で、並んでいる植木鉢を移動しなければ検針できない家があった。5個あまりの植木鉢を1個ずつ移動して家の裏手に回るのだった。

スミレやノースポールの花がきれいに咲いていた。1個ずつ移動する手間に花が憎らしくなる。移動し、検針し、また元あったように戻さないといけない。右から3個目の鉢は少し欠けていたと妙なことまで覚えてしまう。

ある日、検針を終え、ブロック塀と家の壁の狭いところをすり抜けようとしたとき、七つ道具の入ったショルダーバッグがあたり、三色スミレの鉢がひっくり返ってしまった。鉢の泥がこぼれ、花のやわらかい茎が折れていた。

こんなとき、検針員はどうしたらいいのだろうか。

すぐに家の人に出てきてもらい謝る。たいていは「ああ、よかですよ」と言われる。「こんなところに置いていたのが悪かったんです」と許してくださる。何回か経験してわかったことだった。

呼び鈴を鳴らしてみた。が、留守だった。

こぼれた泥を鉢に戻し、花を植え直した。ちょうど見頃のスミレだったので茎が折れたさまが痛々しかった。メモを残した。


『たいへん申し訳ありません。

大切な鉢をひっくり返してしまいました。

弁償したいと思っておりますので、ご連絡いただけませんでしょうか。

電気メーターの検針員　川島徹』

そして携帯電話の番号を書いた。

その日、しばらくして私の携帯が鳴った。

「川島さん、なんですぐ謝らないの。お客さんカンカンだよ」

山之上さんの声。

「留守だったのです。メモを残しました」

「これからそちらに行くから。現場に着いたら電話するから、来てくれる」

会社から下福元まで20キロあまり。その距離を走ってくるのだ。

ふと、錦江サービス興業の社員は毎日どんな仕事をしているんだろうと思う。会社に立ち寄ったとき、忙しそうなところは見たことがない。課長以下、3、4人いる男性社員*はなんだか事務所の中を行ったり来たりしているだけのように見える。

駆けつけた山之上さんを伴って謝りに行った。

出てきた娘さんは、不機嫌そうな顔のまま、私がさきほど残しておいたメモを差しだされた。

山之上さんは、さすがQ電力に謝りなれているのだろう、謝り方がじつにうまい。娘さんの顔をまっすぐ見てきっぱりと「申し訳ありませんでした」と言い、深々と頭を下げた。

「今後、十分気をつけるように指導いたします。本当に申し訳ありませんでした」

見習って、私も頭を下げた。

3、4人いる男性社員
彼らが新人検針員の指導、誤検針のときの指導などをやっているのは知っていた。しかし、それ以外にどんな仕事をしていたのか、ほとんどわからなかった。

ふたりの男が頭を下げるさまに、娘さんは固い表情のまま「気をつけてください」と言った。

某月某日 「取りに来させろ！」：壊れた50万円のハンディ

11月、伊集院町の寺脇の検針。現場にバイクで着いたときには寒さで体が震えていた。[*]川原の枯れ草が霜で白くなっていた。

堤防にバイクを停め、ハンディとプリンターの電源を入れ、当日分の集計表を印刷し、最初の1件目の江口さん宅のデータを表示した。

寒さに足踏みをしながら、ハンディに首から吊り下げるバンドを取りつけようとしたとき、ハンディが手から滑り落ちた。

しまったと思ったときにはアスファルトにゴツンと鈍い音を立てていた。慌てて拾いあげた。ハンディの画面のガラスにひびが入り、画面は黒くなっていた。江口さん宅の表示は消えていた。

寒さで体が震えていた
冬のバイクは寒い。まず手足が冷たくなる。ハンドルカバー、手袋、その中に小型のカイロと入れていても、現場に着いたときは指が動かない。つま先は凍る寸前である。顔は目出し帽をかぶっていても鼻先や頬が冷たくなっている。

携帯を取りだし、錦江サービス興業に電話した。

「申し訳ない。ハンディを壊してしまった」

「どうしたんですか？」

島津宏美さんの声だった。

「落としてしまった」

「全然ダメですか？」

「画面が真っ暗。今日の検針は伊集院町の寺脇なんだ」

「すぐにデータを入れて、代わりを持っていきましょうか」

「ありがたい。30キロ以上はあると思うから、途中で会えれば助かる」

「松本あたりまで行ったら電話します。それくらいなら来れますよね」

「申し訳ない。ありがとう」

電話を切り、途中まで向かうための準備を始めたところで、携帯が鳴った。

「あのぅ、会社まで取りに来てもらえますか。行けそうにないんです」

島津さんの声は、さきほどとは打って変わっていた。

「えっ？」

「自分で壊したんでしょ。取りに来てください。データは入れて準備しておきます」

そしてちょっとざわついた気配の中、聞き覚えのある男の声が電話の向こうに聞こえていた。

「取りに来させろ。そいでよか」

僻地同然の地区で作業に6時間ほどかかる現場。ハンディを取りにいったら、検針が終わるのは5時すぎになるかもしれない。データをQ電力に持ち込むのは7時くらいだろうか。* そうなるとQ電力の担当者も待たせてしまうことになる。

会社に向かってバイクを走らせた。

電話の背後に聞こえていた声が気になっていた。あの声は松田課長に間違いなかった。


やり手の課長とのことで、検針員から恐れられていた。柔道かなにかやっていたのか、ずんぐりした体格で、人をじろりと見ることがあった。熊本支社にいたとき、検針員の組合結成の動きを一瞬で叩き潰したという課長である。

7時くらいだろうか
予想したとおり、この日の動きは次のようになった。
8:00 現場にてハンディを壊す。
9:30 錦江サービス興業にバイクで到着。替えのハンディを受け取る。
11:30 現場に戻り、検針を再スタート。
17:00 検針終了。
19:00 夜はバイクは危険なので一度、自宅に帰り、車に乗り換えてQ電力に到着。
19:30 業務終了の報告書類提出のため、錦江サービス興業へ。
20:30 錦江サービス興業から帰宅。

即座に関係した検針員全員を契約解除にし、九州各地から社員、および手の空いていた検針員を徴集して検針を問題なく遂行するという荒手の方法をとったという。

その手腕は高く評価された。昼間から焼酎を飲んでいた鹿島課長とは違っていた。

松田課長が鹿児島支社に赴任してくるという話が出るやいなや、検針員はざわついた。バイク置き場の常連は彼の話でもちきりになった。

「松田さんが錦江サービス興業にいる限り、検針員の組合なんてできっこないな」

「誤検針の多い検針員は要注意よ」

「俺なんか真っ先かも」

誤検針の多かった田中さんが言った。

そう言うべきは、私だったのかもしれない。誤検針が多いわけではなかったが、会社の痛いところを突く発言が多かったからだ。

そして、松田課長が赴任してくるや、私はにらまれているのを感じていた。

赴任後、ひと月ほどたったときだった。私はエレベーターホールで彼に出会った。出会ったというより、私が帰ろうとホールに出たとき、彼も事務所から出てきたのだった。

彼は私をにらみながら遠巻きに私のまわりを回った。明らかに私を威嚇し観察していた。それは柔道で組み合う前に相手のまわりを回っているのに似ていた。私は思わず、なにをするんですか、と怒鳴るところだった。彼はひと回りすると、事務所に戻っていった。不気味でぶしつけなものだった。

鹿島課長からなんらかの引き継ぎがなされたのであろうと他人事のように考えてしまった。

「うるさい検針員がひとりいますよ。なにを言うかわかりませんよ」とでも引き継いだのだろうと考えた。

予想したとおり、この数カ月後、私と松田課長とのあいだのあつれきは決定的なものとなった。

某月某日　ハチの巣とおまわりさん：切断された引きこみ線

池之上町の検針のとき、大きなスズメバチの巣に出くわした。

電気メーターのすぐ近くにあったのだが、私は気づかず検針をしていた。大きな椿の木の枝が検針に邪魔だとは思っていたが、そんなところにハチの巣があろうとは夢にも思わなかった。

1件でも早く検針したいと思っていると電気メーターにまっしぐらで、初めてのときでない限りまわりなど見ない。

その地区を検針しているとき、会社から電話があった。

「川島さん、今日、池之上町ですよね」

山之上さんにしてはちょっと親切そうな声。

「照国（てるくに）アパートの電気メーター、近くに椿の木があると思うんだけど、そこにスズメバチの巣があるらしいの。注意してくれる」

アパートの大家さんが連絡してくれたということだった。

数十件後にそのアパートに行き、スズメバチの巣を見て驚いた。巣は壁の電気メーターから2メートルと離れていなかった。40センチ近くはあろうかという斑紋(はんもん)のある薄茶色のみごとな巣が椿の木の枝にぶら下がり、何匹ものスズメバチが力強い羽音をさせていた。

大家さんはよく検針のことまで気づいてくれたと思った。

先月までそんなことなどつゆ知らず、アパート、大型マンションと検針がはかどる地区だったのでルンルン気分で鼻歌まじりに検針していたのだった。

ハチは黒いものを見ると興奮*し襲ってくるらしい。私はこともあろうにハチの巣に背中を向けて、つやつやした黒髪の後頭部を向けて検針していたのだった。

大きな巣のまわりを飛びかっているスズメバチに気づいてしまうと、ルンルン気分など吹き飛んでしまった。

息をひそめ、幽霊のように音もなく手足を動かし、いつもは首を伸ばして検針するところを検査鏡の柄を伸ばして検針した。

ここなら誤検針をやっても許される、そんな思いで検針し、また音もなく手足

ハチは黒いものを見ると興奮
クマがハチミツをとるため、ハチは黒いものを見ると興奮し、攻撃するらしい。私の幼友達は草刈り中にハチに刺されて死んだ。アナフィラキシーショックである。死ぬまで20分とかからなかったと、彼のお母さんは話された。ハチに2度目以降刺されたときが危険だという。一度目で抗体ができ、2度目でその抗体が過剰に反応するということらしい。

を動かして、そこを離れたのだった。

次月、その巣は撤去されていた。

上荒田町（うえあらたちょう）の空き屋では、電気メーターのそばにスズメバチの巣があった。ときどき5、6匹のスズメバチが飛んでいた。離れたところから検針できたし、廃止の電気メーターだったので、スズメバチのきれいな巣を感心しながら見て検針していたのだった。

池之上町の件があったあと、私は危険を感じ交番に行った。*

「どこにあっと？」

「公園の横、空き屋の壁にあっとです」

「危なかね。この空き屋か」

おまわりさんは壁の地図を見て言った。

しばらくして出てきたおまわりさんは凶暴犯の逮捕そのものの格好だった。特殊なシールドのついたヘルメットに手には刺股（さすまた）を持っていた。おっ、さすが完全装備と思ったものの、そのおまわりさんと一緒に公園を通り抜けるときの恥

交番に行った
ハチの巣を処分するなど、どこに頼んでいいのかわからなかった。あのとき、すぐに対応してくれたおまわりさんはありがたかった。

ずかしさ。私は犯人ではありません、とばかりに平静を装って歩いた。それでも子どもや母親らは何事だろうとこちらを見ていた。

おまわりさんは刺股でスズメバチの巣を叩き落とし、さらに叩いて割った。何匹かのスズメバチが飛んでいったが、中はもぬけの空だった。

「ハチはおらんがね。古い巣じゃがね」

「おらんかったですね」

「こいでよかね」

おまわりさんはヘルメットのシールドをあげた。そして、「まあ、気張いやんな」と言って帰っていった。

私はその後ろ姿に頭を下げた。

そんなことをおまわりさんにお願いしたことが申し訳なかった。

次月、その電気メーターのところでハプニングが起きた。

「川島さん、さきほど『計器なし』で出したもの、どういうこと。ちゃんと検針したの？」

錦江サービス興業に帰るなり、松田課長に呼びとめられた。

「しましたよ。計器はありませんでした」

「そんなこと言ったって、Ｑ電力のデータにはあるんだよ。Ｑ電力は復帰*だと言っているよ」

「ふっき？」

ちょっと混乱する。さきほど「計器なし」で出したものは、スズメバチの巣があったところの電気メーターであり、たしかに計器は撤去されていた。切断された引きこみ線だけがぶら下がっていた。まさかあれが幻だったわけではないだろう。

「竹内さん、いまから一緒に行って確認してきて」

松田課長が若い竹内さんに言った。

社員の竹内さんの車を先導しながら必死に思いだそうとした。

絶対になかった。絶対に検針した。でもなにが起きたのか想像できなかった。

疑いを晴らしたいという一心で、現場で検針用の地図を取りだし、竹内さんを空き屋の裏手に案内する。前月、おまわりさんを案内した空き屋である。

古い板壁には電気メーターを固定してあった板が張りつけたままであり、切断

復帰　停止していた電気メーターの使用を再度開始すること。

された引きこみ線が垂れていた。やっぱりだ。

「見てよ。今月、撤去されているのよ。ハチの巣が落ちているじゃない。先月、おまわりさんが落としてくれたのよ。なんなら交番に行こうか」

「ない」

竹内さんの顔が戸惑った。手元のメモを見た。

彼はしばらくして、「名義が違うんじゃないのかな」と言った。

「えっ」

確認すると竹内さんが言ったとおり名義が違っていた。

偶然が重なったのだった。

杉山さん名義の電気メーターが撤去された。そして久保さん名義の電気メーターが復帰した。そこまではよかった。が、ハンディの中で設定された順路が問題だったのだ。*

撤去した電気メーターのところに、復帰した電気メーターの順路が設定してあったのだ。検針員はよほどのことがない限り名義や、まして計器番号など覚えているわけではない。先月まであった計器がなくなれば、私は疑いもなく「計器

設定された順路が問題だった
検針は、ハンディに表示されるデータの順で行なっていく。隣の家、隣の家と検針していく。「新規」とか「復帰」のお客さまについてはQ電力が見当をつけて仮の順路で設定する。不意に予期しないデータが表示されるので検針員は戸惑う。その変更は検針員が行なうことができる。

なし」の処理をする。まさか別の家の復帰した電気メーターが、その順路に設定してあるなどとは夢にも思わない。

復帰した電気メーターはそこから20メートルほど離れた空き屋のものだった。

竹内さんと別れて車を運転しながら、なんだか納得がいかなかった。こんなまぎらわしいことをして、いったいだれが悪いんだろう。

某月某日　**ふたつの死**：東郷さんと高木さん

ふたりの検針員が死んだ。

それぞれに病死だったが、ふたりとも50代、同じ時期に突然のように病気になり、そして死んでいった。

私は病名を聞いただけで恐くなる人間なので、ここではそれぞれの病名は書かないが、体調を崩したらしいと聞き、半年もしないうちに、ほとんど同じ時期にそれぞれ死んでいった。

大柄な東郷さんは「俺には検針しかできないからな」と言っていた。

バイク置き場の常連だった。

「この仕事も楽しいよ。雨の日とか、暑いときはそりゃたいへんよ。でもバイクで走っていればいいからね。田舎の人たちはよく話しかけてくれるしね。楽しいよ」

日に焼けた顔、タバコで汚れた歯、根っからの検針員といった顔だった。

彼は鉄工所、警備員、道路の舗装工事*と仕事を転々としていた。

パート勤めの奥さんとふたり暮らしで子どもはいなかった。

「いろいろあるけどね、働かしてもらっているのよ。ありがたいことよ」

彼はよく「うちの知子がこんなことを言うんだよ」と言っていたが、知子という名前を口に出すときの彼の口調にやさしさがあり、奥さんを大事にしているのがわかった。

私が仕事を始めたころ、近くで検針していた彼が星ヶ峯(ほしがみね)の現場に応援に来てくれたことがあった。いち段落したところで彼はタバコを吸いながら、「たいへん

道路の舗装工事
アスファルトの舗装工事。真夏は地獄だという。頭から照りつける太陽と100℃以上に熱してあるアスファルトで燻(いぶ)されるらしい。働いている人に感謝せずにはおれない。

だったね。でも、これもいつかはいい思い出になるときがくるよ」と言ってくれた。

その彼が入院したと聞き、しばらくして大学病院に転院したと聞いた。それから2カ月後、亡くなったと検針員会議で報告された。58歳だった。

無骨な顔が思いだされた。私がバイクで東谷山を走っていたとき、反対車線の彼が手を振ってくれた。私は手を振らなかった。交通量の多い通りだったので、お互いに気が散っては危ないと思ったのだった。

後日、彼は「仕事中、他の検針員に会うとうれしいよな」と言っていた。

彼が亡くなったと聞いたとき、反対車線から私に手を振ったあの顔を思いだした。

高木さんは種子島生まれで、島では郵便配達の仕事をしていたと言った。

しっかりした落ちついた顔をしており、検針の仕事を苦にしているようなところはなかった。「まぁ、この仕事もね、食うためには仕方ないからね」と言っていた。7、8年は検針の仕事をしているはずなのに、それほど日に焼けた顔はしておらず、サラリーマンのようなきちんとした雰囲気があった。

検針員会議でよく発言するほうだったが、仕事に必要なことを、要点を押さえて、簡潔に質問しており、感心させられるものがあった。私のように感情的で批判的な質問はしなかった。鬼の松田課長さえも信頼を寄せていたところがあった。

彼はバイク置き場のメンバーではなかったが、私は親しみを感じていて*会えば必ず声をかけあうようになっていたし、また一緒に食事に行ったこともあった。

その彼も病気になり、姿を見なくなった。

「自宅療養らしいですよ」と若松さんが教えてくれた。

話を聞いてからしばらくして、若松さんとふたりでお見舞いに行った。

木造2階建ての古いアパート。その2階の6畳2間と台所、浴室のある住まいに、奥さんと成人した娘さんの3人暮らしだった。

自宅療養と聞いたとき、ふと入院費が払えないのではと思ったのだったが、古いアパートの外階段をのぼりながら、そのことを思いだした。これが検針員の生活なんだろうと思った。

奥さんと娘さんはそれぞれにパートの仕事に出ておられ、コタツで彼が出迎え

親しみを感じていて
バイクの故障、パンクは検針員が恐れていることのひとつ。時間を大幅にロスする。高木さんは、パンクしたバイクを見つけ、バイク屋さんまで牽引してあげた。高木さん自身もロープを探したりと2時間はロスした。バイク屋まで4キロ近くあり、夏の暑さの中で牽引してもらった検針員は地獄に仏だったと思う。高木さんはそういう人だった。

てくれた。部屋はきれいに片付けられていた。病気とは思えないような元気な顔だった。

それから3カ月後には亡くなるとはとても予想できなかったから、お見舞いはにぎやかな笑い声に包まれた。見舞い客の元気が一番のお見舞いとばかりににぎやかに話をした。

「そうそう、リンゴを持ってきたんですよ。リンゴはお腹にいいらしいです。ジェーン・フォンダ*も1日1個食べているらしいから」

「何個持ってきたんですか?」

若松さんの言葉に、私はレジ袋を覗いて、

「5個。5個も食べれば治ります」と言った。

「それにほら、霊芝*がよからしいですよ。伊佐市の洞窟で栽培しているんだけど、売れに売れているらしかですよ」

「みんながいろんなものを薦めてくれるんだけどね」

高木さんはうなずいた。

「でも霊芝は高（たか）っかからな。検針員じゃ手が出らんでしょう」

ジェーン・フォンダ
アカデミー女優のジェーン・フォンダが1日1個のリンゴを食べているという報道があった。

霊芝
サルノコシカケ。種々の病気予防に非常に効果があるとされ、高値で販売されている。

「ほんというと、そうなのよ」

3人で笑った。

「ところで東郷さん、死にましたよ」

「えっ、いつ？」

「入院していたのは知っとったでしょう」

若松さんが言った。

「そんな悪かったの」

「コロリと逝かれたって、安楽死です」

そして私は続けた。

「高木さんも、覚悟はできとっとでしょう。いまさらジタバタせんでしょう」

いま思えばとても悪い冗談だった。

早く仕事に復帰してくださいと言うと、彼はすでに退職の手続きをしたと言った。奥さんが会社に行き、制服などもう全部返したということだった。

「もう検針はせんとですか？」

「支社長と松田課長がお見舞いにきてくれてね。挨拶はさせてもらったのよ」

「お見舞いをたくさん持ってきたとでしょう」

業務委託員に失業保険はない。現在の生活費、医療費は奥さんと娘さんのパートの収入にかかっているのだろうか。

冗談を言ってから、私のお見舞いはせめて1万円にしておけばよかったと思った。

お見舞いをいくらにしようかと考えたとき、悲しいかな検針の件数の計算をしてしまったのだった。1万円、250件分。*僻地だとバイクで一日走り回っても稼げない。つらいものがある、などと計算し半日分、5000円にしたのだった。

コタツの上に置かれていたスケッチブックのことを尋ねると、知り合いが色鉛筆と一緒に持ってきてくれたということだった。彼はそれに山や海岸の風景などを描いていた。故郷の種子島の風景だった。人物がまったく描かれていないさびしい絵だった。

一日は静かにすぎていく。午前の日が静かにすぎ、お昼をすぎると、午後の日がまた静かにすぎていく。そして日が陰っていく。いま思えば、彼はそんな静かさの中で、不安の中で描いたのだろう。子どものころを思いだしていたのだろう。

1万円、250件分
お見舞い金を決めるのに、こんな考えをしたことが恥ずかしい。

お見舞いに行って3カ月後に電話をした。

弱々しい声が電話の向こうに聞こえた。

「調子が悪いんだ。薬を変えたもんだから、慣れるまでたいへんらしいんだ」

「申し訳なかったです。その後連絡しなかったもんだから、気になっていたもんだから」

「また電話してよ。今日は休ませてくれる」

明らかに病人の声だった。

私は詫びて電話を切った。

そして1週間後、彼は死んだ。53歳だった。

某月某日 **クビ宣告**：定年まであと5年を残して…

紫原で新しいマンションの建設工事が始まっていた。

近所の住民は建設反対の運動をしていた。「絶対反対。景観を乱すな」などと

赤ペンキで書かれた看板があちらこちらの家に掲げてあった。

検針員にとってアパートやマンションは件数がさばけるのでありがたいのだが、そのマンションは私の検針地区ではなく、隣の地区にあった。

2月、細い生活道路を隔てたそのマンションが、なんと私の地区に組みこまれていた。

喜び勇んで現場に行くと、出入り口はオートロック。入館できずウロウロしていると、工事関係者が「入館できないと検針できないよね。しばらくはここにあるから」と合いカギの場所を教えてくれた。彼はまた「暗証番号は独り歩きするから、*教えられないよ」と言った。

教えてもらったカギで入館し、上の階から検針を始めた。まだ本格的に入居が始まっていないので電気の使用量はほとんど数kwh。2階の突きあたりの部屋だけが200kwhあまりだった。

入居1号さんかとその「お知らせ票」をドアの郵便受けに投函し、次の電気メーターの下に立ったそのとき、さきほど検針した部屋のドアが開いて、70半ばかと思われる男性の顔が覗いた。

暗証番号は独り歩きするから
一度だれかに教えた暗証番号は、簡単に人から人に伝わってしまうということ。現場の人はさすがにうまい言い回しをすると思った。

「こらっ！」

一喝された。

「どうやって入った！」

合いカギを使って入りました[*]、とは言えなかった。教えてくれた工事関係者に迷惑をかけてしまう。とっさに「さきほど、人が出入りされたので、そのとき」と私は言った。

「Q電は許可なしに入館させるのか」

男性はその建物のオーナーだったのだ。周辺住民の反対運動にピリピリし、苛立っていたのだ。

Q電力に怒りの電話が入った。

その日の検針を終えて錦江サービス興業に行ったとき、松田課長がにらみつけてきた。

「お宅、許可なしに入館したの？　だれがそんなことをしていいと言ったの」

「申し訳ありません」

「お客さんはカンカンだよ。今度やったら、承知しないよ」

合いカギを使って入りました
オーナーが、早よ出ていかんか、と1階まで追いかけてきそうな気がした。入口のカギをポケットの中に持っていることがバレしたら、事態はさらに悲惨なものになっていた。

「……」

「次回からは、管理会社からカギを借りて入館するように」

彼はそれだけ言うと奥の部屋に戻っていった。

バイク置き場に山野さん、西本さんらがいた。

「どうしたの、クビ？」

「バレたか」

山野さんの陽気さに気持ちが軽くなる。

「叱られっぱなしよ。もう少し検針員のことを考えてくれてもいいんじゃないの」

「オートロックマンション。あれもほんと困るね。検針員泣かせね」

「見つかったん？」

「松田課長にこっぴどく。カギを管理会社*まで毎回借りに行けと言うのよ」

「これからオートロックは増えるよ」

「地区外なんでしょう？　変更届けを出したら」

山野さんの言葉にそうかと思った。

管理会社
管理会社とマンションは7キロほど離れていた。そこを行ったり来たりしなければならない。不動産屋の定休日は水曜日が一般的。検針日と重なれば火曜日にカギを借りて、木曜日に返却しなければならない。通りがかりならまだしも、負担は大きい。

地区外の電気メーターは錦江サービス興業経由でQ電力に「地区変更届け*」を出すと適切な地区に組み直してくれる。変更届けを記入するのが面倒なのと検針件数が減るので、みんなはあまり出したがらないのだが、Q電力は地区をきちんと管理するために変更届けを出すように指導*しているのだ。

数日後、私は島津さんに20数件分の地区変更届けを出した。

すると翌日、松田課長が怒鳴ってきた。

「なによ、あれは。お宅、やる気があるの?」

「地区外だから、当然だと思うのですが」

「お宅、どうしようもないね」

松田課長はそれだけ吐き捨てるとまた奥の部屋に戻っていった。

地区外の変更届けを松田課長がいちいち見ているわけではなかろう。きっと島津さんが松田課長に報告したのだ。彼女は松田課長から、私に関することは逐一報告するように言われているのかもしれない。

3月、業務委託の契約更新が始まった。

地区変更届け
検針はあらかじめ区割りされた地区ごとに行なう。新規の電気メーターが登録されたとき、Q電力の担当者は住所、電柱番号などでどの地区に入れるかを判断する。境界線際のものは、その判断が難しい。間違って隣の地区に入れてしまうことがある。検針員はそれを正しい地区へ変更してもらうため、所定の変更届けを提出しなければならない。

変更届けを出すように指導
区割りがきちんとされていないと、だれも検針しない電気メーターがあったとき、その発見ができなくなってしまう。そのためQ電力はそれを提出するように指導していた。

「来週の水曜日の午後2時半でいいですか？」

島津さんが声をかけてきた。

その日は玉里団地の検針だったので、1時には終わり、2時には錦江サービス興業に来られる。私は了承した。

当日、時間どおりに赴くと半分物置きの会議室にふたつのテーブルが置いてあった。

「まぁ、かけてください」

支社長が口を開いた。半年ほど前にQ電力から天下ってきた錦江サービス興業鹿児島支社の支社長である。前の支社長は2年の任期を終えたのか、いつのまにか姿を見なくなっていた*。

「毎日、ごくろうさまです。暑かったり、寒かったり、たいへんですね」

支社長の隣に座っている松田課長は黙っていた。閉じた口元に力が入っていた。柔道で鍛えた表情だろうなと思う。

「川島さん、もう10年もやっているんですね」

「はい」

いつのまにか姿を見なくなっていた
支社長はいつのまにかいなくなり、いつのまにか新しい支社長がやってきていた。新旧の支社長による検針員への挨拶は聞いたことがなかったし、文書による通知なども見たことがなかった。検針員は支社長の交代をいつのまにか知るのである。

「昨年の誤検針は4件。突然の休みが過去1回、3日間ね。まぁ、これは急にめまいに襲われたということですね」

そうした記録が残っていたこと、そしてそれをひっぱり出してきたことに驚いた。

例年なら「ハンコは持ってきましたね。2枚とも押してください」で、5分もかからない契約更新*だった。

「今年で60歳。どうですか体力は続きそうですか。かなりきついんですよね」

「はぁ」

「川島さんのためにもですね、今回は契約の更新はしないつもりですが、了承してもらえますか」

文社長の前置きの長さは、このひと言を言うためだったのか。

松田課長は口を閉じ、人をじろりと見るあの目で私を見ていた。

その視線に、私はなんのためらいもなくなってしまった。

「わかりました」と答えた。

面接日が決まったあと、なにか言われると思い、あれこれ考えをめぐらせては

契約更新
契約は1年単位だった。通常パートタイマーでも継続的に働く前提で契約するものだと思うが、この業務委託は1年ごとの更新だった。なにか問題があったとき、契約終了にしやすいためだったと思われる。

いたが、それらが頭の中からきれいに消えていった。

「川島さんなら、次の仕事がすぐに見つかりますよ。年齢よりかなり若くておられるから、この仕事はともかく、すぐにいい仕事が見つかりますよ」

私がなんの質問もしなかったので、支社長は戸惑ったようだった。慰めいた言葉が続いた。

支社長の横に座っている松田課長は最初から最後まで、ひと言も口をきかなかった。

65歳の定年まであと5年を残し、10年におよぶ私の電気メーター検針員としての仕事はこうして終わった。

あとがき――メーター検針員、その後

検針の仕事を始めて10年目、私は契約を更新してもらえなかった。

そのとき、私は「ああ、終わった」と思った。ほっとしたものを感じた。

60歳、なにをいまさらじたばたすることはない。まだ若い。体力も気力もある。それに私は作家を目指していたのではないのか。まだ書ける。検針の仕事を離れて、検針のことを書くのもいいだろうと思った。

検針の仕事を書くために、その仕事を始めたわけではなかったが、10年の間にはいろんなものを見たように思う。経験したように思う。

10年間、つらくもあり、空しくもあり、またおもしろくもあった。東京で会社勤めをしていたのでは経験できなかった時間だった。頭の中にあるそうした混沌としたものを書くことで整理し、吐きだせるのではと思った。

私は、ある新人賞に応募するためにこの作品を書き始めた。個人的には検針員時代のことを客観的に見ることはできた。そして、作品は最終選考まで残ったが、落選した。

一方、私はグループホーム*の夜勤の仕事を始めた。

施設の夜勤はスタッフ同士の人間関係にわずらわされない。勤務回数はほぼこちらの希望どおりにしてもらえ、一晩に1万円稼ぐことができた。私は月10日働き、10万円稼ぐようにした。足りない生活費は貯金から引きだした。

介護の職場は完全な人手不足である。なり手がいない。なってもすぐに辞めてしまう。だから転職は飛び石を飛びはねていくように簡単だった。

少しでも不満があると転職するスタッフはたくさんいた。私もそのひとりだった。

10年間で10カ所近く職場を変えたと思う。6年間勤めたところもあるが、1カ月で、あるいは半年で辞めたところが何カ所もある。

介護の仕事で辞める理由はいろいろとある。

きつい仕事にもかかわらず賃金が安い。女性主体の職場であり、その人間関係

グループホーム
お年寄りの施設にはいろんな種類があるが、これは少人数の施設。1棟9人が定員。少人数でより家庭的な雰囲気ですごしてもらうためのもの。

にわずらわしいものがある。これが介護職における離職の2大原因である。

一晩に1万5000円、あるいは1万8000円稼げる施設もあったが、仕事は相当にきついものがあった。金額に惹かれて私も始めたことがあったが、長くは続かなかった。

そして偶然ではあるが、介護の仕事も10年目にして辞めた。正直に書くなら、認知症のお年寄り*を世話することに疲れた、といえるかもしれない。

しかし、毎日を遊んで暮らしていたくはない。

仕事の前の緊張感、終わったときの解放感。それが生活のリズムであり、生きていることを実感できるもののひとつだと思う。

そうしたもののためにも私は次の仕事を探し始めた。それに年金だけでは生活に余裕がないという事情もある。

しかし、そこには70歳という年齢の壁があった。

ある施設に面接に行った。介護の仕事ではなく、夜間の電話応対、戸締まり、巡視など警備的な仕事だった。

その後、不採用の連絡があった。応募してから1カ月近くがすぎてのことだっ

認知症のお年寄り
体験して実感したことだが、認知症のお年寄りの世話はたいへんである。世話される人より、世話するほうが先にまいってしまう。施設あるいは家庭で介護される方には本当に頭が下がる。

た。再び、ハローワーク情報の検索の毎日になった。

私は慎ましい生活*で十分である。人生には少しのお金と、少しの生活道具があればよいと思う。

れば十分なように思う。そして多少の仕事と、自分が没頭できるものがあればよいと思う。

私は18歳でいくつかの短編小説を書き、会社勤めをしながらも書き、そして退職して本格的に書いてきた。

そして、70歳になったいま、この作品でやっと夢が実現した。

私はこれからも書く。まだ書く。

それが私の人生になったからだ。

2020年5月

川島 徹

慎ましい生活
イギリスの童話に「ドリトル先生」シリーズがある。だれしも題名はご存じかもしれない。ドリトルは「Do little」であり、「最小限のことしかしない」という意味。お医者のドリトル先生の生活は慎ましく、その代わり自分の好きなことを楽しんでいる。

川島徹◉かわしま・とおる
1950年、鹿児島県生まれ。大学卒業後、外資系企業に就職。40代半ばで退職し、貯金と退職金で生活しながら、文章修業をする。50歳のとき、鹿児島に帰郷、巨大企業Q電力の下請け検針サービス会社にメーター検針員として勤務。勤続10年目にして突然のクビ宣告を受ける。その後、介護職などを経て、現在は無職。70歳を迎えて、本書の刊行により長年の夢を実現させる。

メーター検針員テゲテゲ日記

二〇二〇年　七月　一日　初版発行
二〇二〇年　七月二四日　三刷発行

著　者　川島徹
発行者　中野長武
発行所　株式会社三五館（さんごかん）シンシャ
〒101-0052
東京都千代田区神田小川町2-8　進盛ビル5F
電話　03-6674-8710
http://www.sangokan.com/

発　売　フォレスト出版株式会社
〒162-0824
東京都新宿区揚場町2-18　白宝ビル5F
電話　03-5229-5750
https://www.forestpub.co.jp/

印刷・製本　中央精版印刷株式会社

ISBN978-4-86680-910-6